众阅典藏馆

老人言 ④

崔瑞泽 ◎ 主编

黑龙江美术出版社

大不正，小不敬

家庭是社会的基层细胞，是孩子生长的摇篮，父母是孩子接触的第一任老师，也是孩子一生中接触最频繁的人，因此父母的举止行为，生活中的点点滴滴，都会对孩子产生非常大的影响。同样的父母的一些陋习，孩子也会耳濡目染。俗话说："上梁不正下梁歪。"父母对孩子的一生有的时候甚至起决定性的作用。

许许多多的问题家庭的孩子，他们的性格大多都比较孤僻，显得非常的不合群，那是因为家庭环境的影响，可见家庭对于一个孩子成长是多么的重要。

宋朝的寇准自幼丧父，家境非常贫寒，全靠母亲织布度日，寇母为了多赚一些钱经常在深夜纺纱，她总是一边纺纱一边教寇准读书，督促指导他苦学成才。寇母临终时，将亲手画好的一幅画交给亲戚刘妈并对她说："日后寇准如果犯错，你就把这幅画给他看。"

后来寇准当了宰相，同僚都为他庆贺生日，寇准大摆宴席，准备好好宴请一下同僚。刘妈认为大摆筵席是不对的，于是便把画交给了寇准。

这是一幅教子图，并且画上有诗说："孤灯课读苦含辛，望你修身为万民。勤俭家风慈母训,他年富贵莫忘贫。"寇准见了这幅画又想起了自己的母亲,顿时泪如泉涌。当即撤宴退礼。

从此以后,寇准廉政为民,终于成为一代贤相。

爱子之心,人皆有之,父母究竟应给后代留下什么才能更好地让儿女们学会做人做事呢?寇母非常睿智并用心良苦的留给了儿子一幅教子做人的画,最终培育出了一代贤相,令人颂扬。

现在社会是一个浮躁的社会,金钱利益充斥着大多数人的思想里,有的人为了面子、利益、金钱嫌弃自己的父母,甚至对其不管不顾。对于子女的不孝、不才,不能怨天怨地,而应多总结和反思一下家庭和社会的教育,尤其是父母,他们是子女的第一任老师,只有教子有方,子女才能成才。"大不正,小不敬",只有父母做好每一件事,才会给子女树立一个好的榜样,子女们才会受到好的熏陶。

曹操之所以在军中能够享有较高的威望,大小将士都乐于为他卖命,对他唯命是从,很大程度上是因为他能够从自己做起,对自己严格要求,不姑息自己,以此使将士们心服口服。

有一次,曹操班师回朝时,路经一带麦子地,于是曹操传令大小将领,不得践踏麦苗,违者处斩。可是正在这时,曹操的坐骑受惊乱跑,踩坏了大片的麦田,直到很久才制止住。事情发生后,曹操不愿违反自己制订的法纪,于是便找来了行军主簿,要他依法处罚自己，主簿深感曹操深明大义，就劝说曹操不要过于在意。曹操说道："吾自制法，吾若不从之，何以服众？"于是抽剑就要自刎。

众人见状，全都再三劝说，郭嘉劝说道："古者春秋之义，法不加统帅。丞相自统大军，岂可自刎？"曹操听到这话，觉得很有道理，但是犯错又不得不罚，于是采取了一个折中的办法，拿刀割掉了自己的一绺头发而代替了头颅，三军见此，全都对曹操感到敬佩。

虽说曹操有收买人心之嫌，但是遇到错误，他敢于承担，不逃避，为自己的下属兵士们树立一个好的榜样，从而使得军队纪律更加严格。

父母同样也应该注意自己的一言一行，因为这对孩子的影响非常大，上行下效，父母是孩子最信任的人，父母的一举一动，孩子都会看在眼里，记在心上，并认为这是父母做的，所以这就是对的，以后就会像父母做的一样去做。父母做得好的话，孩子就会学到了好的，而如果父母做的是坏的，那么孩子也就会学坏了。

对待孩子绝对不能姑息、纵容，而应严格要求，正确引导。父母的纵容往往是孩子走向错误的信号，因此，父母一定要严格要求孩子，更要严格要求自己。

老人言

为了孩子的将来，父母一定要注意自己的一言一行，因为这可以影响孩子的一生。

久病床前无孝子

俗话说："久病床前无孝子。"父母生病或者长期需要照顾的时候，大多数的儿女开始时会非常细致入微地照料，但是时间久了就会心生嫌恶。人都是有心理底线的，一旦触碰到那个底线，人就会情绪失控。但是父母是你的一生中最疼你最爱你的人，你又怎么忍心对你的父母发火或嫌弃呢？

孝敬父母，尊敬长辈，这是做人的本分，更是各种品德形成的前提，因此只有那些孝敬父母的人才会受到人们的认可和称赞，那些连孝道都不尽的人，在其他方面你还能指望他做什么呢？在人的一生中，父母的关心和爱护是最真挚最无私的，父母的养育之恩是永远也诉说不完的，我们在是婴儿的时候，是靠吮着母亲的乳汁才离开襁褓的；我们是揪着父母的心才迈开人生的第一步的；幼儿时期我们又是在父母甜甜的儿歌声中入睡；我们在父母无微不至的关怀中成长，我们每一次生病就是父母的不眠之夜；上学、读书、升学我们更是会花去父母无数的心血；而当我们成家立业时，父母会拿出一生的心血，给我们铺垫一个美好的未来。可以说，父母为养育自己的儿女付出了他们毕生的心血。这种恩情比天高，比地厚，可以说是人世间最伟大的力量。我们一定要爱自己的父母，只有先做到孝敬父母我们才会去真正的爱他人，爱集体，爱社会，爱祖国。

"久病床前无孝子"反映的是社会的悲痛，更是对人性的哀叹。一个连自己的父母都不愿照顾的人，他还会去真心照顾别人吗？一个连对自己的父母都不忠心的人，他还会去对别人忠心诚实吗？一个连最基本的责任都推卸的人，试问他还会对别人有责任感吗？

赵本山是我国著名的笑星，他带给我们无数的欢乐，他的艺术造诣非常高，百姓都非常喜爱他。除此之外，赵本山还是一个非常有孝心的人。赵本山的孝敬在圈内圈外都为人称道。作为赵本山的父亲，赵老爷子在哪里都享受着"最高待遇"。不管是赵本山的员工还是徒弟，都对老爷子非常尊敬，就连老爷子走路都会有人搀着，这样时间长了，老爷子的脾气也增长了很多，但是赵本山从来都对老爷子十分宽容。

因为怕父亲在家闲得慌，赵本山就给老爷子在公司里挂了个"副经理"的头衔，原本只是想让他高兴高兴，可结果老爷子还真当真了，并管起了公司。在公司里，老爷子大事小事全都管，电灯泡坏了自己安装好，饭菜剩下了就发脾气，看不惯的事情也不忘唠叨几句，老爷子最忌恨的就是浪费，他见不得别人糟践粮食，也不允许浪费电，为此他甚至还亲自找到总裁、副总裁告状。

虽然知道老爷子是为自己省钱，但是赵本山还是说父亲："你是我爹，但你不是别人的爹。"结果这句话把老爷子惹急了，竟然整整俩月没有和赵本山见面，甚至也没通过电话。后来赵本山给老爷子赔礼道歉，起初老爷子还是很犟就是不理他，但是赵本山还是非常耐心地向父亲说好话，才最终让老爷子不再生气。

赵本山曾经说过："其实我是被我父亲骂大的，从我记事时起，我就是在骂声中长大的。我父亲对我始终不满意，嫌我没能耐，但是当我成名了，演出多了，陪他的时间少了，他就会经常抱怨我连个人影都见不着，没有时间陪他。直到他生病以后，他才开始夸我。"

老爷子生病以后，为了让他能够多吃一口饭，赵本山可谓是想尽了办法。有一天，老爷子对赵本山说要喝鱼汤，于是刚拍完戏的赵本山就连夜开始炖鱼汤。剧组的人见到赵本山如此劳累就都对他说："还是让大厨去弄吧，你去歇一歇。"然而赵本山不同意并很坚定地说："一定要自己亲手做的鱼汤，我爸爸才会喜欢喝。"

老爷子生病住进了医院，有一次，赵本山工作完去看父亲，父亲紧紧拉住他的手不松开，赵本山硬是从晚上7点一直坐在病床前待到了第二天早上7点。因为他稍微一动就会吵醒父亲，所以为了让父亲睡上一个好觉，赵本山一夜没有合眼。等到第二天，他的手已经完全麻了，动弹不得了。因为生病，父亲的小脾气也越来越多，赵本山却很理解地说："老头儿特倔，其实他每次醒来的时候都在找我，如果找不到我就会非常的生气。"

2007年在中国台湾举行的金马奖颁奖典礼，赵本山作为男主角入围者本应到场参加，但是当他在沈阳准备搭机的时候，他收到了父亲病危的消息，于是他立即取消了行程，火速赶回医院照料自己的父亲。

对于没能参加金马奖颁奖典礼，赵本山却没有一点遗憾地说："拿奖还有机会，可是爸爸只有一个，没有什么遗憾的，我只希望能多陪爸爸一天。"赵本山从机场赶到病房后，对病床上的父亲说："爸，我回来了，我不走了，我来陪您了。"老人听见儿子的声音，微微睁开了双眼，看见了赵本山却好像很生气的样子，立刻将头扭到了一边去，然后又慢慢地闭上了眼睛。赵本山又握着父亲的手说："看这手已经不肿了，爸，你就要出院了，就要好了。"老人不知道是不是还在生儿子的气，居然挣脱了被儿子握着的手。赵本山笑着说："呀！还不让握呀，是小金手吗？刚挖过金矿呀？别生气了，我都回来了，您还生什么气呀。"好说歹说，很久后老爷子才露出了笑容。

从2007年12月6日取消前往台湾参加金马奖的行程当晚，赵本山就在沈阳武警总队医院的病房，衣不解带、寸步不离地守在父亲的病榻前整整6天，在这6天里他没有睡过一个好觉，但他一直打起精神陪着自己的父亲。12月11日19时许，赵本山终于陪82岁的老父亲走完人生的最后一程，看着父亲紧闭的双眼，本山再也忍不住了，一声"爸"，喊得非常令人痛心。为了完成父亲的遗愿，赵本山驱车近两个小时，送父亲踏上了回老家开原的路。

赵本山对父亲可谓是尽心尽力，即使父亲不讲道理发脾气时，赵本山都会非常迁就并主动承认错误，以此来平息父亲心中的怒气，父亲重病在床，赵本山更是没有一点怨言地守在父亲身边，直到父亲安心地离去。赵本山如此孝顺给我们树立了一个非常好的榜样，我们应该像他一样，对父母尽心尽力，任劳任怨。

孝敬父母，不但要很好地承担对父母应尽的赡养义务，而且要尽心尽力满足父母在精神生活，感情方面的需求。要始终保持对父母的耐心，绝对不能因为父母的犟脾气和不讲理就生怨气，更不能因为长期伺候生病和生活无法自理的父母就发牢骚，甚至不管不理。"久病床前无孝子"是对那些没有良心的人说的，而有良知的人绝对不会嫌弃自己的父母的,因为懂得这是报答父母养育之恩应该做的。

再甜的甘蔗不如糖,再亲的婶子不如娘

俗话说:"再甜的甘蔗不如糖,再亲的婶子不如娘。"意思是说甘蔗再甜也不会比糖甜,婶子再好再疼你爱你也不会比母爱伟大。这说明母爱才是世界上最伟大的感情,母亲才是最应该值得尊敬的人。

母爱的伟大是无法用语言来表达的,母爱是近乎牺牲的爱,因为母亲为了儿女可谓是操劳一生,放弃了很多。从怀胎十月到牙牙学语,再到长大成人,成家立业,母亲可以说是没有一天安生的日子,总会在心里留着儿女,担心这,担心那。每天都有操不完的心,受不完的累。而你的叔叔婶子对你再好,再疼爱你,也不会比母爱来得热烈,来得浓郁。母爱是世上最伟大的爱。

有一天晚上,张强医生正在医院值夜班,突然一个大约十五六岁的男孩被母亲送进了急诊室,男孩的母亲非常着急,男孩却一直在对母亲咆哮。原来,男孩在刚刚举办的毕业晚会上,把眼睛弄伤了。而出现事故的原因是母亲给他买的新鞋的防滑效

果不好，使得男孩在表演的过程中不慎从台上重重地摔了下去，眼眶恰巧碰到了桌角上。

此时，男孩的母亲显得非常无助，她一言不发地站在角落里，泪流满面地任凭男孩不停地责骂着。

张强医生见状，就好言安抚着情绪激动的男孩，好让他有一个良好的心态去进行治疗。手术非常顺利，可尽管如此，男孩还是不肯原谅他的母亲。

手术后，张强医生给男孩的眼睛缠上了纱布，并且建议他不要在强光下逗留太久。当晚，男孩所有的同学都来病房看望他，每个人手里都捧着一支蜡烛。漆黑的病房里，霎时间红光闪烁。

同学们有说有笑的，他们开始回忆起那些温暖的往事，并畅想起自己的未来。时间过得很快，所有人都不得不起身相继回家。临走前他们相约，在各自的蜡烛上用笔划出自己的名字，然后当谁走了，就吹灭一支蜡烛，然后把蜡烛送给男孩。

男孩还是能够透过纱布看到微微的烛光，不一会一支蜡烛灭了，紧接着，大半的蜡烛开始相继熄灭，顷刻间，整个病房暗了下来。男孩的心里也越来越难过。

最后，只剩一支蜡烛在黑暗中散发着光亮。男孩开始激动地猜测起这捧蜡烛的人，整个人非常兴奋。他认为这支蜡烛一定是王宁留下的，因为王宁是自己最好的朋友。

那一夜，男孩对王宁倾诉了一夜。直到清晨，男孩才疲倦地睡去。可没过多久他就醒了过来，并大声吵着要医生帮他解开纱布，然后急急地搜寻着满地长短不一的蜡烛。忽然，他顿住了，因为王宁的蜡烛是最长的，这说明他是第一个走掉的。那么，最后一支蜡烛是谁的呢？

突然，男孩看到隔壁的病床上，母亲正在熟睡着，然而手中却握着一支没有名字的蜡烛。在母亲的手背上，有几道鲜红的印记，那是蜡油滴下来凝固而成的。男孩顿时恍然大悟。昨夜，是母亲手握一支粗壮的蜡烛，默默陪了自己一夜。

看着熟睡的母亲，男孩的眼泪大滴大滴地滚落下来。

母亲为了不让儿子伤心，竟然守护着一根没有熄灭的蜡烛直到天亮，母爱是多么伟大啊！

母亲为儿女们操劳一生，却从未有过一句抱怨，她只是单纯地想让自己的孩子过得好一点，将来会有出息，而永远都不会去要求什么，因为母亲的快乐就是看着儿女们好好的。这份感情是多么的伟大啊，因此我们一定要学会感恩，学会孝敬父母。只有这样才能报答父母的养育之恩。

珍惜世上最伟大的爱吧，珍惜母亲陪在自己身边的时光吧，别人对你再好也会是有所保留的，而母亲却会把自己的爱完完全全地奉献出来。"再甜的甘蔗不如糖，再亲的婶子不如娘"，只有母爱才是毫无保留的爱，因此，我们要去感恩，去孝敬自己的父母，只有这样才能报答父母的恩情。

好帮好底做好鞋，好爹好娘养好孩

每个父母都有望子成龙，盼女成凤的愿望。当儿女没有沿着自己设定的轨迹行进时，父母就会认为儿女不努力，不听话。然而，父母在责怪儿女们没有达到自己目标的同时，应该好好地审视一下自己，看看自己在教育孩子方面有没有犯错误的地方。

父母是儿女的第一任老师，因此，父母的一举一动都会对儿女们产生影响，要牢记"上梁不正下梁歪"这句话，从家庭教育，尤其是言行身教来讲，"英雄"老子更容易造就"英雄"儿子。因为老子是英雄，他可以对下一代的成长起到言传身教的作用，同时创造更多对成长有利的条件。

宋朝时，陈州接连发生自然灾害，庄稼颗粒不收，老百姓纷纷离家出走，到处乞讨要饭。

为了赈济灾民，朝廷决定派刘衙内的儿子刘得中和女婿杨金吾前往陈州开仓放粮，救济百姓。

临行前，刘衙内嘱咐二人说："你们两人去陈州放粮，这是一个有油水的差事，你们俩要趁机捞一把，把米价由五两白银一石细米，改为十两白银一石细米，再往米里掺些泥土糠秕。你们俩就放心大胆地干吧！出了事由我担着。"刘、杨二人心领神会，于是急忙打点行装去了陈州。

到了陈州，刘得中、杨金吾两人依照刘衙内的意思，营私舞弊，他们私下把粮价改了，并往米里掺进了不少糠秕和土块。他俩又收买了管理仓库的小吏，让其在秤杆上做了手脚，这样卖出的粮食都不够斤数。买粮的老百姓都十分气愤，有人说道："一石六斗米，内中又有泥有糠皮，春将来只剩下一石多米，还是俺们老百姓好欺负啊。"

有一个灾民来买米，他见这些贪官假公肥私，鱼肉人民，顿时怒火万丈，于是便同这些贪官吵了起来，并指责他们贪赃枉法。刘得中、杨金吾仗势欺人，全然不把这个人当回事，派人打死了这名灾民。

众人见官家如此不讲理还打死了人，非常愤怒，于是大家联合起来上告申冤，一直告到包拯那里。

包拯得知后，便微服私访至陈州，当查清了刘得中、杨金吾的罪行后，立即把他们二人处死了。

俗话说："上梁不正下梁歪"，正是因为有刘衙内这个混账的爹，才有了上行下效的混账儿子。可见"好帮好底做好鞋，好爹好娘养好孩"这句话是多么的正确。

老人言

如果想要自己的儿女们有出息，不做坏事的话，父母就应该首先为其做一个好的榜样，父母的一举一动都会对儿女们产生非常大的影响。

薛仁贵是唐朝著名的军事统帅，他的一生留下了"白衣破高句丽"、"三箭定天山"等很多传奇故事。薛仁贵出身穷苦农民，太宗征；时他毅然从军报国。

后来在辽东战场上，薛仁贵屡立奇功，他曾身着白盔白甲横扫敌阵，这引起了唐太宗李世民的注意，于是便将他调入禁卫军。后来，高宗继位后，宫中爆发了洪水，又多亏了薛仁贵把他救出来。此后又薛仁贵又多次出征高句丽，立下了赫赫战功。

薛仁贵武艺高强，他曾一箭射穿了五层盔甲。铁勒叛乱时，他亲率大军平叛，敌军派骁骑数十前来挑战，薛仁贵见状连发三箭，射死三人，立即吓得其余人全部缴械投降，不久薛仁贵就平定了叛乱。此就是广为人知的"三箭定天山"。

高宗乾封元年（666），薛仁贵与李绩等同征高句丽，他连败高句丽军于新城、扶余，经过两年的奋战，终于平定了高句丽。战争结束后，薛仁贵又被派去镇守平壤，指挥高句丽境内的常驻唐军。咸亨元年（670），薛仁贵率唐军十万征讨吐蕃，但由于副将郭待封私自行事，使得薛仁贵的大军被吐蕃军四十万包围，进而唐军大败，战后薛仁贵就被撤职。

不久高句丽发生了叛乱，薛仁贵再次被启用，但不久后又因罪被流放。直到开耀元年（681），68岁的薛仁贵才因大赦回朝，率军抗击突厥。突厥听说领军的是薛仁贵，吓得四散而逃，唐军大获全胜。永淳二年（683）薛仁贵病死。

薛仁贵的一生经历了大小战役数百次，立下了战功无数，是一个顶天立地的大英雄。然而他的儿子薛丁山同样也不输自己的父亲。

薛丁山名薛讷，是薛仁贵之子。他在担任蓝田县令之时，就敢拒绝当朝酷吏来俊臣的不义之举。后突厥犯边，武则天因薛讷是将门之后，于是将他调往幽州前线。薛讷久驻边关，立有战功。玄宗曾于新丰操练唐军，独薛讷和解琬部进退有序。突厥、契丹联合寇边时，薛讷力主出击，得到了玄宗的许可，但因为其余诸将逡巡不前，使得唐军大败，薛讷最终被撤职。

不久吐蕃军十万犯境，薛讷被重新启用，担任陇右节度使。他连败吐蕃于武阶驿、长城堡，斩获无数。之后薛讷一直镇守着青凉，年七十二而亡。

薛丁山之所以成为一代英豪，除了自己的努力外，父亲薛仁贵的影响更是不能忽视。俗话说：老子英雄儿好汉，正是有薛仁贵这样一个英雄父亲，使得薛丁山把父亲当成榜样，处处向他看齐，薛仁贵对自己的儿子更是严格教育，使得薛丁山终成将才。

老人言

"近朱者赤，近墨者黑。"父母是孩子最亲密的人，对于孩子的影响是非常大的，孩子通常会认为父母的所作所为都是对的，然后就会随着父母的做法去做。父母做得对的话，孩子就会学会了正确的做事方法。但是如果父母做的是错误的，就给孩子树立了一个坏的榜样，从而让孩子学会了坏的一面。因此，父母一定要注意自己的言行，为孩子们树立一个好的榜样，这样才会有助于孩子的成才。

总而言之，为了让孩子出人头地，父母一定要做一个好的榜样，因为只有好帮好底才可以做好鞋，同样的，只有好爹好娘才能养出好孩子。

至乐莫如读书，至要莫如教子

"至乐莫如读书，至要莫如教子。"一个人最快乐的事情莫过于读书学习，同样的最重要的事情则莫过于教育孩子。读书对于人们来说是非常重要的，因为书籍里几乎包含了所有的知识，多读书可以让你更好地认识世界，学到更多的知识，在长见识的同时还可以身心愉悦。同样的，父母对于孩子的成长起着至关重要的作用，教育孩子可以说是当父母的最重要的事情。

做父母的平时需要工作，以此来养家糊口，更要管教自己的儿女，让其出人头地。儿女是父母的希望，在他们身上承载的不光是自己的理想更是父母的梦想。

书，对于人类来说是非常重要的，一本书就是一个世界。有选择地多读好书，不仅可以使你丰富知识、让你更加的聪明，而且还可以陶冶情操，提高自身的修养。读书能够影响人的一生，甚至能够彻底改变一个人的命运。读书能够激励和鞭策人们不断地前进，从而获得幸福美好的生活。读书还能够照亮人们前进的方向，使其从此走上一条通向成功的道路。读书是最好的最能够陶冶心智的活动，没有其他东西比读书更有魅力、更有力量了。

世上或许再也没有别的东西，可以像读书那样有巨大的力量。俗话说，"书中自有颜如玉，书中自有黄金屋"，每一本书都可以带人们走进一个世界，在这个世界里，人们可以肆意地享受乐趣，汲取知识。书就是人们生活中的导游，有不明白的地方，全都可以在书本里找到答案。书又是知识的最重要的载体，多读书可以让你拥有更多的知识，更大的资本。

做父母的生活或许会平淡无奇，每天周而复始地上班、下班、做饭、接孩子、教育孩子……这时候多读书会对生活产生好的作用。举一个最简单的例子：人的一生不可能去遍所有自己想去的地方，或者没钱或者没有时间，但这时候，你完全可以在书本上了解你喜欢的地方，虽然不如亲身经历的好，但也足以让你的身心得到放松,让你感到无比快乐。

富兰克林是美国18世纪著名的政治家、科学家。他为美国的独立和发展做出了巨大的贡献。富兰克林曾经参加过独立战争,还参加了起草了《独立宣言》,他还代表美国同英国谈判,代表美国签订了巴黎和约,他曾创办《宾夕法尼亚报》,建立美国第一个公共图书馆。除此之外,他在电学研究方面也有非常重要贡献,他还发明了避雷针,至今仍然还起着非常重要的作用。总之,富兰克林的一生是非常辉煌的。

富兰克林自幼就酷爱读书,然而家里贫困没有钱上学,富兰克林从少年时代起就独自谋生,并且常常饿肚子省钱买书读。

有一天,富兰克林在路上看到了一位白发老婆婆,她已经饿得走不动了。富兰克林见状,立刻将自己仅有的一块面包送给她。老婆婆看着富兰克林的样子,知道他也是一个穷人,不忍心收下他的面包。"你吃吧,我包里有的是。"富兰克林说着就自豪地拍了拍那只装满书籍的背包。

老婆婆非常感激地吃着面包,这时只见富兰克林从背包里抽出了一本书津津有味地读起来。

"孩子,你为什么不吃面包呢?"老婆婆好奇地问道。富兰克林说:"读书的滋味要比面包好多了。"富兰克林笑着问答。

富克林就是这样酷爱读书,每天都把书籍当作精神食粮,也正是他长期不懈地坚持看书，使得他最终成为一个伟人。可以说是书籍改变了他的一生。

父母对儿女的影响是非常大的，因此想要教育好自己的儿女，就要先让自己成为好的榜样，而想要成为一个好的榜样，读书是最有效的办法之一。因为书中可以给你你需要的知识和方法，多读书会让你有更加睿智的头脑和更有思想的灵魂，这样就会使你成为一个优秀的父母，一个优秀的父母对于儿女的成长是非常有益的。

孔子是我国古代著名的教育家、思想家，被人们尊称为"圣人"，孔子取得这些成就除了自身的努力外，他的母亲也起到了重要的作用。

孔母为了给儿子提供一个理想的读书环境，就在孔子7岁的时候，变卖了所有家产及首饰，把家从穷乡僻壤迁到了大城市。后来她又花掉所有积蓄送儿子去上学。不仅如此，她还利用一切机会，带着自己的儿子去会见名人，让其增长见识。而孔母自己除忍受着没有丈夫的痛苦和别人的白眼，生活的压力无时无刻不在压迫着她。孔母每天都起早贪黑。养蚕、纺纱、织布、种菜、上集市，用自己的勤劳支撑着这个脆弱不堪的家庭。

有一天，正是秋收时节，孔母却得了重病卧床不起。孔子见状，天未亮就悄悄下地，然后在星光下掰起了玉米。谁知，天刚一亮,母亲便摇摇晃晃地走来,见到儿子在做农活便说道:"孩子,谁让你来的,让母亲来干吧,你快回去吃饭。吃完饭快点上学去。""母亲,我还是请两天假吧,让我把这地收拾好,您有病了,儿子看着心疼。"然而,不管孔子怎么哀求,母亲就是不同意,并且对孔子说:"如果你要再不回去,为娘我就生气了。"无奈,孔子只好伤心地离去。

还有一次,孔子的母亲因为发高烧而昏倒在桑地里。看到这种情况,孔子非常着急并大声对母亲说:"孩儿不念书了,孩儿只要母亲。"几天后,孔子为母亲买来补品并对母亲说:"我有钱交学费了。"母亲问:"你哪里来的钱?"孔子说:"我给街上办丧事的人家当吹鼓手挣来的。"孔子本以为母亲会夸赞自己一番,结果,母亲却让孔子跪下,生气地说:"孩子啊,你知道吗,你这样会让别人瞧不起啊!""你只有将来成了才,那才是真正是给母亲分忧呢。"说完母子二人就抱头痛哭。

在母亲的教育下,孔子发愤图强,最终成为大学问家。

孔子早年的经历在很大程度上影响了他的一生,其中最重要的就是她母亲的影响。孔母虽然是一个普通的女人,然而就是这样的一位女性为我们,为中华民族,为世界培养出了一位千古圣人。可见父母的教育对于孩子来说是多么的重要。

"至乐莫如读书,至要莫如教子",做父母的平时多看看书会让身心摆脱工作的劳累，进而让身体和精神放松，不但有助于身体健康还可以陶冶情操。这样还可以让自己更好地面对儿女，教育子女是非常重要的，而父母是子女的第一个教师，对子女的影响是最大的，因此把自己调整到一个好的状态，树立一个好的榜样，会让孩子有一个更好的明天！

国家有难思良将，人到中年想子孙

俗话说："国家有难思良将，人到中年想子孙。"人到了中老年后，生活状态和心理都会有非常大的改变，中老年后人的身体机能逐渐衰退，相应的头脑也会开始一点点地变得迟钝，大部分中老年人都面临着退休的现实，很多人会很乐于放下繁重的工作，去享受安宁、清闲。有的人却会心生无奈之情，感觉自己的世界瞬间崩塌，但也不得不去接受。这时候的中老年人心理是非常脆弱的。脆弱带来的就会是无限的惆怅，再加之儿女们在外辛苦地工作，使得中年人心里更增添了孤独感，这样中老年人就会非常需要子孙的陪伴。

中老年人是家庭中的主心骨，他们在家庭生活中既要扮演丈夫或妻子的角色，还要扮演父亲或母亲的角色，多重角色的转换常会使他们感到心理上的不适应。繁杂的家务、子女的教育、婆媳关系、家庭的各种问题让他们疲惫不堪。人到中年，往往容易对生活产生"厌倦心理"，看事情会更加的偏激，对待问题同样也会变得严苛。

中年人面对生活的改变开始会非常不适应，因此人也就变得不服气，听不进别人说的话。同时，他们的心理也会产生要依赖子孙们生活的想法，觉得自己变得非常没用了，因此一股自卑感也会油然而生。这时候子孙们一定多陪陪他们，多安慰他们，要努力地尽孝道，这样就会让他们的心平静下来了。

一个乖巧的小孙子往往会是一个家庭的兴奋剂，孩子总是能轻易俘获中老年人的心，中老年人也总会把自己的心寄托在孩子身上。因为只有孩子们才会听着自己的喋喋不休，才会爱听那些大人认为并不好笑的故事。在孩子身上，中老年人就会重拾生活的乐趣，重新为自己定位。

李密，字令伯，一名虔，犍为武阳（今四川彭山）人。他幼年丧父，母亲何氏继而改嫁，由祖母把他抚养成人。

李密的祖父李光，曾任朱提太守。李密从小就命运不济，出生6个月父亲就死了，李密在4岁时舅父又强迫母亲何氏改嫁。母亲改嫁后，李密在祖母刘氏的抚养下长大成人。因此非常孝敬祖母。据《晋书·李密传》说："祖母有疾，他痛哭流涕，夜不解衣，侍其左右。膳食、汤药、必亲自口尝然后进献。"李密年幼时体弱多病，但是却十分好学，他曾经认谯周为老师苦心学习，他博览五经，尤其精通《春秋左氏传》，他的文学造诣非常高。李密年轻时，曾任蜀汉尚书郎。晋灭蜀后，征西将军邓艾敬慕他的才能，于是就请他担任主簿。李密因为要孝敬祖母，就婉言谢绝了邓艾的聘请。泰始三年（267）晋武帝立太子，闻得李密孝敬祖母的事迹，非常敬佩他，于是就下诏征李密为太子洗马。

诏书下达后，李密坚辞不往，然而郡县不断催促他。这时，李密的祖母已经96岁，并且年老多病。于是他向晋武帝上表，陈述家里情况，说明自己无法应诏的原因。这就是著名的《陈情表》。

李密在《陈情表》言辞恳切地说道："我刚出生6个月，父亲就不幸去世了。那时我才4岁，舅父夺母亲守寡的志向，逼迫她改了嫁，祖母刘氏怜悯我孤苦体弱，于是亲自抚养我长大成人。我年幼时经常患病，9岁的时候仍不会走路，一直孤苦伶仃的直到成家立室。我既没有叔父伯父，也没有兄弟，门庭衰微福薄，到了很晚才有儿子。我在外没有建功立业的亲戚，在家更没有看家护孩子的童仆，我就是这样孤孤单单地生活，只有自己的身体与影子相互慰问。祖母刘氏早年疾病缠身，常常卧床不起，我亲自侍奉她膳食汤药，从来没有离开她的左右。祖母已经很年老了,我不能抛下她不管不问,我之所以有今天,全都是祖母的功劳,我如果没有祖母,就不会活到今天了,祖母如果没有我,也就无法安度余生。我们祖孙二人相依为命,正因为这样,我实在不能远离祖母而为陛下尽忠。我今年44岁祖母今年96岁,我可以为陛下尽忠的日子还漫长,然而可以为祖母刘氏尽孝的日子则短少。因此还是恳求陛下,让我尽孝道吧。"

《陈情表》言辞恳切,委婉动人。晋武帝看后,为李密对祖母刘氏的一片孝心所感动,大加赞叹李密"不空有名也",于是不仅同意李密可以暂不应诏,还嘉奖他孝敬长辈的诚心,赏赐了奴婢二人,让其帮助李密一起照顾祖母,并指令所在郡县,发给他赡养祖母的费用。

《陈情表》以侍亲孝顺之心感人肺腑,千百年来一直被人们广为传诵,影响深远。李密对祖母的孝心天地可鉴。然而,祖母同样也需要李密的相伴。一个老人家孤苦无依的,只有李密与其相依为命,可以想见,假如李密接受诏令,辞了祖母去做官,留下祖母孤身一人,祖母就一定会每天都闷闷不乐的,对生活也会失去了乐趣,因为李密是她的精神寄托。有句话说:老年人活的就是一口气,气顺了人就会精神百倍,长命百岁。如果气不顺了就会体弱多病。李密就是祖母的依赖,因为有他的存在,祖母才会快快乐乐地活着,可见子孙对于中老年人是多么的重要。

人到中年想子孙是中老年人感情的又一次归属，生活的烦躁和精神上的孤独可以有一个很好的落脚点。子孙承载了太多太多自己的感情，只有在子孙身边，中老年人才会感到是最快乐的。所谓的天伦之乐，就是儿孙满堂的喜悦，这是中老年人最喜欢看到的。多陪陪自己的父母和爷爷奶奶吧，因为只有子孙才是中老年人幸福的源泉！

不得乎亲不可为人，不顺乎亲不可为子

当你去买菜，煮饭及做家务，"当家"时，你才会知道和关心柴米油盐的价格，而且是如此的烦琐；当你到了要养儿育女的时候，你就会懂得为人父母是多么费心！这个时候，你就会体会到你父母对你的恩情是多么的深重！

正应了那句名言："当家才知柴米价，养子方晓父母恩。"

在我们小时候都很想自由，不用别人去管。在我们青春期的时候都喜欢叛逆。然而，那时的幼稚想法现在审视是多么的可笑。幼稚的我们不喜欢束缚，就如：学校、家庭、游乐场、连过马路也有交警来管……在当时每个人都想象变成天上的小鸟可以自由地飞翔……

那时，我们总是让父母偷偷地流泪，想想那时的我们，真

老人言

是"身在福中不知福"啊！从前的我们，是一群天真而顽皮的孩子，幼稚且无知，只有爱我们疼我们的父母才会容忍，从前的我们还不懂这个世界，它的艰辛，它的曲折，我们一无所知，是爸爸妈妈告诉我们，人活着要有意义，没有意义的人生不算完整的人生，那只是人们在虚度年华，浪费生命。

孝敬老人是中华民族的光荣传统，历史上孝子贤孙的故事世世代代相传。诸如"二十四孝"、"董永卖身葬父"、"花木兰代父从军"等等，都是家喻户晓、孝感动天的优秀故事。

董永是我国古代的孝子，父亲去世那年，董永没有钱给父亲办丧事。没有办法了，董永擦干了泪，出门去求亲友，想借钱给父亲办丧事。

董永一连在外跑了好几天，却没有收获。晚上，他直直地跪在父亲身旁，一动也不动，脑海里全是父亲的样子。他不知道该求助于何人。走投无路的时候，董永决定卖身葬父，然后用卖身的钱埋葬父亲，以此来报答父母的恩情。天亮了，董永找了几根茅草，绑了小把儿，插在后衣领里。到集市上将自己卖了。正在这时傅家庄的傅员外看董永很有孝心，深受感动，便出钱买下他……

从那时起，董永卖身葬父的故事就一代一代地传下来了。

古语道："百善孝为先。"孝是人们与生俱来的品质。只不过,有些人的孝心被生活的飞尘所掩盖了。可是在我们同学中,不孝敬父母之事时常发生,有些同学厌烦父母的唠叨,常常与父母顶嘴,殊不知,那些唠叨满载着父母的爱;有些同学从未关怀过父母,把父母当成自己的金库,殊不知,爱不是无底洞;有些同学视父母的爱为理所当然,殊不知,父母也需要爱……这样的事时常发生,不由得令人心忧。

感恩父母,因为有了父母才有了我,才使我有机会在这五彩缤纷的世界里体味人生的冷暖,享受生活的快乐与幸福,是他们给了我生命,给了我无微不至的关怀。儿女有了快乐,最为之开心的是父母,儿女有了苦闷,最为之牵挂的也是父母。舐犊情深,父母之爱,深如大海。因此,不管父母的社会地位、知识水平以及其他素养如何,他们都是我们今生最大的恩人,是值得我们永远去爱的人。

或许一声祝福对自己算不了什么,但对父母来说,这声祝福却比什么都美好,都难忘,都足以使他们热泪盈眶!感恩父母,是他们让你体验生命;感恩父母,是他们使你不断成长;感恩父母,是他们让你渡过难关。朋友们,让我们学会感恩父母吧!用一颗感恩的心去对待父母、用一颗真诚的心去与父母交流,用一颗宽容的心去体会父母的唠叨吧!

一个只有懂得感恩父母的人,才能算是一个完整的人。让我

老人言

们学会感恩父母吧！用一颗感恩的心去对待父母，用一颗真诚的心去与父母交流，不要再认为父母是理所当然帮我们做任何事情的，他们把我们带到这美丽的世界，已经是足够的伟大，且将我们养育成人，不求回报，默默地为我们付出，我们就别再一味地索求他们的付出，感恩吧，感谢父母们给予我们的一切。

孝心的背后就是爱。孝不需要山珍海味，更不需要名车豪宅，也许你的孝心不豪华，只是一次5分的作业，一张100分的试卷。但是，我相信，父母一定会接受它，因为，这里满载着真诚的爱！这才是给予父母最好的礼物！

父母，永远是仁慈的对你笑，开心地对你说，哪怕是打、骂我们，也会受到心灵毫不留情的谴责，心上的疼远过你身上的痛！

您对我们的爱是说不完，写不尽的，您的儿子不知道怎样才能报答您啊，妈妈！

不要等到哪一天，他们去世了，你突然想起还没来得及报答他们。如果父母仍健在，趁现在还来得及。别忘了比以往任何时候都更深地爱着他们父母的爱才是天底下最无私的爱！

第三章

喜怒哀乐：人逢喜事精神爽，闷上心来瞌睡多

——追求宁静，享受快乐

日图三餐，夜图一宿

随着生活水平的提高，竞争越来越激烈，人们的心态发生了很大的改变。社会上很多的人都显得非常的浮躁，攀比之风也日渐激烈，许多人为自己不如别人而心生妒忌之心，甚至还酿成不好的后果。

其实人应该学会知足，只有知足才会常乐。人怎样过都是一辈子，为何不快快乐乐地过一生呢？日图三餐，夜图一眠。保持一颗知足的心会让自己更加快乐。

心理学原理告诉我们：快乐是一种心理活动，是一种精神状态。快乐的心情与心理的满足感是紧密联系在一起的。因为人们

老人言

的成长经历和家庭背景不同，使得不同的人对同一件事的认知也就不同，有时甚至是完全相反的。也许出于人类原始本能的贪婪欲望，对生活怀有过高期望的非常的多。在他们眼里，人生不如意之事十之八九，无论大事小情，好事坏事，总之他们都没有满意的时候，以至于他们经常与郁闷、烦恼为伍，每天都在郁闷中哀叹。

从前，城里面住着一位大财主，他拥有很多的房产，在乡下还有几百亩田地，他饲养了数百头牛羊。总而言之，这财主家大业大，腰缠万贯。

财主的生意都有其他人帮助打理，自己根本就不用操心。财主平时穿的是最好的衣服，吃的是山珍海味，住的是大屋阔院，睡的是最昂贵的高级床，盖的是罗帐锦被。然而即使如此，财主却从来都没感到快乐，他整天还在为家族的产业发展不理想、赚钱太少而烦恼。他总是独自一人唉声叹气，坐立难安，甚至经常失眠，久而久之，他的精神变得非常不好。

在他家隔壁住着一个理发师，名字叫阿贵。他三十多岁了仍没有妻儿，每天只能赚到"几个银钱"的理发钱，仅仅够日常的生活费用和小小开支，阿贵生活虽然过得清淡一点，但天天无忧无虑的，过得十分潇洒。每天晚饭后，阿贵便在小木屋里躺着然后放声地唱歌曲，直到午夜唱累了便喝一杯泡好的茶，接着一觉睡到第二天的9点钟后再起床，又开始给别人理发。

财主也许是因为过分忧虑自己的生意，或者因为阿贵晚上唱歌的声音太大了，让他更加难以入睡。有一天早上，财主便把掌柜叫过来问道："隔壁的阿贵每天都吃不饱、住不好，又没有妻儿，为什么他却能够这样开心，每天晚上都在唱歌呢？而我这么多钱为什么却快乐不起来呢？"掌柜听了财主的话便微笑地对财主说："因为他懂得知足常乐！"财主听了点了点头，然后对掌柜说："那么怎样才能够让他不会唱歌呢？"掌柜微笑地说："这非常容易，只要你能借给他十两银子就可以了。""这样就可以吗？"财主将信将疑地问。"绝对没问题"掌柜非常有信心地对财主说。"那好，你明天就借十两银子给他，我倒要看看你说的对不对"财主还是很怀疑地说。

第二天，掌柜就来到了阿贵的理发店刮胡子，他问阿贵："阿贵，你都剃了二十多年的头了，却仍然没存下几个钱，现在你已经三十出头了，却连个老婆都没有，你还不如改行去做一些小生意呢。"阿贵笑着对掌柜说："我每天只能赚几个理发钱，那有本钱去做生意呢。""那你想不想做生意呢？我可以帮你。"掌柜很认真地问阿贵。阿贵无奈地说："当然想啊，可是我的确是没有本钱！"掌柜听了非常兴奋地说："如果你想做生意，我可以帮你向我老板借十两银子给你做本钱，利息还可以比别人借钱的稍低一点。"听了掌柜的话阿贵喜出望外,然后惊讶地问掌柜:"是真的吗?""绝不会假的。"掌柜笑呵呵地说。阿贵又着急地追问:"那么什么时候可以借钱给我啊?""明天上午就可以。"掌柜非常有把握地说。"好吧,如果这件事成了的话,今天帮你刮胡子的钱就不收了,以后还要请你喝酒呢!""好啊!"掌柜开心地说。不一会,掌柜刮完了胡子,阿贵便十分高兴地送掌柜出门口并对他说:"那我明早上去找你。""好的。"掌柜对阿贵笑了笑。

这天晚上阿贵非常激动,他整晚都在想:"有了这十两银子后,我就可以去做生意了,以后我就会赚很多的钱,有了钱可以盖房子,然后我就可以取一个妻子,以后有人做家务了,还可以让她生儿育女,传宗接代……"

第二天天还没亮,阿贵就早早到了财主家门口。直到8点多,财主的店铺开了门,他就马上进去找到了掌柜,掌柜非常爽快地借了十两银子给他。拿着这十两银子,阿贵似乎看到了自己以后的生活。

从这天起,阿贵就不理发了。他开始琢磨做什么买卖好。也就是从这个晚上开始,阿贵的屋内再也没有了欢乐的歌声。而财主这晚也非常好奇地找掌柜一起到阿贵房前,来听一听阿贵是否还会唱歌。很久后,他们都没有听到阿贵唱歌的声音,然后就大笑着回去睡觉。

几天后的一个晚上，掌柜到阿贵家里找他聊天。掌柜说："阿贵，为什么这段时间没听到你唱歌呢？"阿贵非常苦恼地低声说道："别提了，自从你借给我十两银子之后，我真的不知道用来做什么生意才好？并且钱又不多，我又不懂做生意，到期后又要归还本息，以后我真是不知该怎么办了？现在烦还来不及，那还有心情唱歌呢？"掌柜听了哈哈大笑，然后十分得意地走出阿贵的屋子。

这故事说明了"知足者常乐"的道理。这个财主本来应该是快乐的，就是因为他不知足，所以他快乐不起来。而阿贵本来生活艰苦，但他能知足常乐，所以他过得非常满足，然而当他得到了十两银子后，每天忧心忡忡的，最终使得自己变得苦不堪言。

人都需要进取心不假，但这并不是要你去事事必争，永不满足。人与人毕竟是不同的，如果你总是把别人的成就放大，把自己优点缩小，你就会永远生活在处处不如人的阴影里，最终会影响到你的生活，让你的生活更加的烦恼、困惑。"日图三餐，夜图一眠"，放松心态，你会发现生活会变得非常简单、轻松。

哀莫大于心死

困难在人的一生中无处不在，每个人都会面对这样或者那样的困难。那么，面对困难时你是选择退缩还是选择勇敢面对呢？

每个人都想要获得成功，都想成功达到自己的目标。有的人为了实现目标而努力拼搏着，而有的人却一天到晚地幻想着有一天自己会有好运气从而一举成功。无论人们去通过什么样的方式去获得成功，都要保持自信心。只有那些坚强的人才会成功，那些遇见苦难和不公平时就灰心丧气的人不会获得最终的成功的。哀莫大于心死，人不怕困难，就怕没有一颗坚强的心。

话说闯王李自成兵围北京，大明江山岌岌可危，崇祯皇帝虽知大势已去，终不肯束手待毙，亲自披挂铠甲冲上城楼坐镇指挥，并依仗北京城高壕深，坚守不出，以待救援。

一时间，闯王义军屡屡攻城不克，损失惨重，军师宋献策献计道："兵法云，'攻心为上，攻城为下。'倘能设法动摇崇祯坚守孤城的决心，则北京城不攻自破矣。"

闯王点头称道："话虽如此，不知军师有何良策？"

宋献策附在闯王耳边，如此这般说了一通，闯王听了连连点头。

第二天,宋献策乔装扮成一个测字老先生,混入北京城内,在皇宫附近,摆下测字摊,一幅白布招牌迎风摇摆,上书:鬼谷为师,管辂是友。

你道宋献策因何要装扮成测字先生?这也应着兵法:"知己知彼,百战不殆。"原来宋献策深深知崇祯皇帝素信天命,平常喜欢招些江湖术士进宫相面、卜卦。每日早起,必在乾清宫中虔诚拜天,然后上朝。洛阳失守,崇祯叔父被杀,使崇祯感到"上天弃我,翦灭大明"的"预兆"。宋献策此行,就是要使崇祯承认,这种"预兆",已经成为无可挽回的事实。

再说崇祯皇帝自闯王兵临城下后,终日寝食不安,只觉得"景阳钟喑哑,龙凤鼓幽咽"。这日,带上贴心太监王德化,青衣小帽,溜出皇宫,一来想了解一下民心,二来想了解一下真实军情。

看到宋献策测字摊上的招牌,崇祯皇帝停住了步子,心想:"平日召进宫来的江湖术士,怕我治罪,尽说些阿谀奉承之词,什么'援兵将至,闯贼气数将尽。'今日这测字先生,不明我的身份,想来不致欺我,我何不测上一字。"想着,便与王德化嘀咕两句,朝测字摊边的长条凳坐了下去。

王德化将身凑近宋献策轻声说道:"先生,我家主人想测一字。"

宋献策抬头一看,见王德化年近四十,却脸白无须,且声细如女子，知其为太监，再看看坐在一旁的崇祯，心里已明白八九分，即刻笑脸相迎问道："不知客官欲测何事？"

王德化赶忙答道："我家主人欲测国事。"

宋献策闻言，口虽不语，心中暗喜，顺手拿起桌上的毛笔递到王德化面前说："需测何字，请客官动笔。"

王德化随手朝招牌一指说："就测那'管辂是友'的'友'字吧。"

宋献策把那"友"字端端正正地写好，左手捧着字，右手拈着须，思索片刻道："客官若问他事，尚可另当另论；若问国事，恐有些不妙。你看'友'字这一撇，遮去上部，则成'反'字，倘照字形而解，恐怕是'反'要出头。"

崇祯一听，面色骤变，王德化更是惊得非同小可，赶忙摇手道："错了，错了，不是这个'友'字。"

宋献策听罢，慢条斯理地问道："客官莫非测的是有无之'有'字。"

宋献策随即在纸上写下一个"有"字，端详再三，沉吟不语，只是不住摇头。

王德化赶忙催促道："先生快测，莫要耽搁了我们的工夫。"

宋献策站起来，将身凑近崇祯与王德化，轻声说道："若是这个'有'字，恐怕更为不祥。你们看这个'有'字，上部是

'大'字缺一捺,下部是'明'字少半边,分明是说,大明江山已去一半。"

那王德化一听,吓得冷汗直冒,连连叫道:"不不不!不是这个'有'字,不是这个'有'字!"

说道,抓起桌上的毛笔,可是不等他落笔,崇祯拍案而起,劈手夺过王德化手中的笔,恶狠狠地骂道:"不中用的奴才!"一边骂着,随手在身边的纸上写下一个申酉戌亥的"酉"字,往宋献策面前一推。

那宋献策不慌不忙将字接过来,凝视沉思,时而愁眉紧锁,倒抽冷气;时而急搓双手,连连顿足。急得崇祯坐立不安,不断催促。宋献策却无动于衷,两眼低垂,默不一语。

崇祯着急地问道:"先生因何一言不发?"

宋献策叹了一口气,摇着头说:"此字太恶,在下不便多言。"

崇祯听罢,心里一凉,仍然硬着头皮道:"测字之人,只求实言,先生不必隐讳。"

宋献策见催促得紧,看看"火候"已到,便假装神秘地说道:"此话说与客官,切莫外传,看来大明江山,亡在旦夕,万岁爷获罪于天,无所祷也。你看这'酉'字,乃居'尊'字之中,上无头,下缺足,分明暗示,至尊者将无头无足矣。"

崇祯不听则罢,一听此话,只觉得头昏目眩,腿脚发软,若

老人言

非王德化在一旁搀扶，早已瘫倒在地。两人再也无心去了解民心军情，一路长吁短叹，怏怏回宫。

崇祯皇帝大概是怕闯王真会将他千刀万剐，第二天，便带着王德化，在煤山自缢身死了。

守卫北京城的官军，听说皇帝已死，顷刻树倒猢狲散，北京城不攻自破，闯王义军也就顺利地开进了北京城。常言道：哀莫大于心死。这个所谓的勤政皇帝最终死于他的多疑，他的绝望，临死还在推卸责任于百官，并留下遗言，"不可伤我子民。"连自己的孩子他都砍杀，何况子民乎？可怜他自毁长城，临死作秀，岂不悲乎！

哀莫大于心死，不要因为困难就选择退缩，丧失自己的自信心。红军二万五千里的长征可以说是前无古人甚至后无来者，面对后有追兵，前有险途的困境，共产党何曾低头。如果面对困境他们妥协了，放弃了，就不会有共产党领导下的中华民族的伟大胜利和复兴了。

哀莫大于心死，乐观起来吧，给自己一个自信的微笑，勇敢面对人生给我们出的难题，不要轻易放弃自己的信念，只有这样才会让我们一次次地战胜困难，进而品尝成功的喜悦。

欢娱嫌夜短，寂寞恨更长

俗话说得好："欢娱嫌夜短，寂寞恨更长。"一个人如果感到快乐就会觉得时间飞快，快乐的时光是如此的短暂。相反地，如果一个人心里烦闷，孤单寂寞，就会觉得时间是如此的漫长，是如此的难挨。人生不如意之事常八九，我们不能每件事都去抱怨、去悲伤、去烦恼。如果那样，人的一生就会被苦恼所占据，也就没了快乐可言。

人的一生很短暂，短暂到转瞬即逝。人的一生又非常漫长，漫长到让人感到人生无聊之极。其实，人生的长短是一样的，之所以不同人出现不同的感觉是因为他们的心态。

波尔赫特是世界著名的话剧演员，她在世界戏剧舞台上活跃了长达 50 年的时间。然而当她 71 岁在巴黎时，却突然发现自己破产了。更糟糕的是，当她在乘船横渡大西洋时，不小心摔了一跤，腿部受了很严重的伤，而且引发了静脉炎，人生对她似乎非常不公平。

不得已波尔赫特四处寻求医生。经过诊断，她的主治医师认为必须把腿截去才能使她转危为安。可是，医生却迟迟不敢把这个可怕的消息告诉给波尔赫特，生怕她听到这个噩耗后做出什么疯狂的举动。

老人言

但事实却出乎医生的意料。当他最后不得不把这个消息告诉波尔赫特时,波尔赫特竟然非常平静。波尔赫特注视着他,然后平静地对他说:"既然没有别的更好的办法,那就按照你说的方法办吧。"

于是医生开始准备为她截肢。手术那天,波尔赫特高声朗诵着戏里的一段台词,显出一副乐观积极的样子,有人问她是否在安慰自己,她的回答是:"不,我是在安慰医生和护士,因为他们太辛苦了。"

手术后,波尔赫特恢复得很快。不久后就又开始了话剧表演,她顽强地在世界各地演出着,在舞台上一演就又是7年。

波尔赫特的遭遇可以用"糟糕"来形容,面对同样的情况,相信很多人都会自暴自弃,为自己的下辈子感到迷茫,然而波尔赫特以平常心待之,手术后依然在自己喜爱的话剧舞台上奉献着自己,她的乐观态度真的是值得我们学习啊!

生活得快乐与否全在于自己的态度,如果你能保持一颗快乐乐观的心,你就会发觉世界处处是快乐;反过来,如果你拥有一颗处处抱怨的心,你就会越来越觉得这个世界是如此的不公平,如此的不完美。"欢娱嫌夜短,寂寞恨更长",夜的长短全在于自己的心态,快快乐乐的,你才会取得生活的美满。

一个乐观者和一个悲观者聚在一起。

悲观者问道:"假如你连一个朋友也没有,你还会这么高兴吗?"

"当然。我会高兴地想,幸亏我没有的是朋友,而不是我的生命。"乐观者快乐地答道。悲观者听了继续问道:"假如你正在行走,突然掉进一个泥坑,出来后成了一个脏兮兮的泥人,你还会高兴吗?"

"当然了,我会高兴地想,幸亏我掉进的是一个泥坑,而不是一个无底洞,否则我就会摔死了。"乐观者答道。

悲观者接着问:"假如你被人莫名其妙地打了一顿,你还会这样快乐吗?"

乐观者说到"当然了,我会非常高兴地想,幸亏我只是被打了一顿,而没有被他们杀害。"

悲观者问:"假如你在拔牙时,医生错拔了你的好牙而留下了病牙,你还高兴吗?"

"当然,我会非常高兴地想,幸亏他错拔的只是一颗牙,而不是我的内脏,我还健康地活着。"

悲观者接着问:"假如你的妻子背叛了你,你还会高兴吗?"

"当然,我会高兴地想,幸亏她背叛的只是我,而不是我们的国家。"乐观者快乐地说。

悲观者又问:"假如你马上就要失去生命了,你还会感到高兴吗?"

"当然了,我会高兴地想,我终于可以高高兴兴地走完我的人生之路了。我可以随着死神,高高兴兴地去参加一个盛大的宴会。"

乐观者和悲观者的对话生动地说明了,一个人的人生是否快乐取决于他自己是否觉得快乐。快乐地看待一些事情,就会有快乐的感觉,而悲观地看待事情,则会产生悲观的感觉。

人的一生会遇到许许多多的困难和不平,你大可不必因此就感到悲观、泄气。如果遇见问题就失落的话,那么人生就会是一个永远没有快乐的过程。

从前在杞国,有一个人,他的胆子非常的小,他总是会想到一些特别奇怪的问题,让人觉得莫名其妙。

有一天,他吃过晚饭以后,拿了一把大扇子,然后坐在门前瞅着天空发呆,接着自言自语地说:"假如有一天,天塌了下来,那该怎么办呢?我们岂不是无路可逃,而将活活地被压死,这不就太惨了吗?"想到这个问题,他顿时非常恐慌。

从此以后,他每天都会为这个问题发愁,他不停地烦恼着,终日茶不思饭不想。朋友见他终日精神恍惚,脸色憔悴,都很替他担心,于是都上前关切地询问。然而,当大家知道了他为什么哀叹的原因后,都跑来劝他说:"老兄啊!你何必为这件事自寻烦恼呢？天空怎么会塌下来呢？再说即使真的塌下来，那也不是你一个人忧虑发愁就可以解决的啊。想开点吧，日子还是要过的，整天这样愁眉苦脸的也没有用啊。"

可是，无论人家怎么说，他就是不相信，仍然时常为这个不必要的问题担忧。久而久之，人也瘦了，变得萎靡不振，整天浑浑噩噩的，胡言乱语。他的朋友也渐渐地与他疏远了。

这个杞国人每天都为天塌下来这件不可能的事情而担惊受怕，使得自己的生活变得凌乱不堪，其实想想他大可不必这样，就算是天要塌下来了，整天的唉声叹气也是没用的，更何况天是不会塌下来的。假如他有一颗积极乐观的心，那么他就不会为此事烦恼了。

总之，要想让你的生活快快乐乐的，就保持良好的心态吧，态度决定一切，快快乐乐的也是一辈子，心事重重的也是一辈子，那么我们为什么不选择快快乐乐的，积极乐观的生活呢？

眉毛眼睛会说话

每个人的眉毛眼睛都是会说话的，眼睛是心灵的窗户，而心灵的想法肯定是会通过窗户来表达出来的，因此学会观察别人说话时的眉毛的挑动以及眼神的变化，可以让你知道他人是否在说谎或者是否真诚。同样的，我们也应该学会用眼睛说话，因为眼神有时候会比话语更能打动人。一对恋人在一起，双双一言不发，仅靠含情脉脉的眼神就能表达双方爱慕之意。在人际交往中，你的眼睛也可以发挥很大的作用。

李明是一名中学生。有一天，上课铃响了，他非常兴奋地跑回教室。因为，今天要发英语期末考试的试卷了！李明非常希望得到一个好分数，他的心情就像火山岩浆快要喷发出来了一样，然而试卷发下来了，李明却惊呆了，居然只考了31分。李明的心情顿时像秋落的叶子一样悲伤。李明非常伤心，想到拿着如此低的分数回去一定会挨骂的。

李明一边走一边想，不知不觉地就走到了家。正好赶上吃饭，爸爸问李明道："英语期末考试的试卷发下来了吗？"李明有点结巴地说："发……发了。"爸爸又问："考了几分？"李明伤心地说："没考及格，才31分。"说完李明便羞愧地低下了头，等待着爸爸的责骂。

出乎李明意料的是，爸爸不但没有责骂，反而用鼓励的眼神一边看着李明一边耐心的教导他说："没关系的，许多好学生都是从低分一步一步磨炼自己才升到高分的，做人不能一步登天，不能第一下就要求高分。"

李明听了爸爸的话，顿时信心大增。在接下来的英语期末考试中考到了 90 分。是父亲的鼓励和疼爱的眼神让李明的信心大增，最终在期末考试中得到了一个好成绩。可见眼神的交流是多么的重要，也许一个眼神就可以改变一个人的一生。

真正善于沟通的人，他们不光是能说会道，更能够充分利用自己的身体语言去打动别人，去得到认可。有的时候苦口婆心地说上一大堆，往往还不如一个眼神的效果好，因此掌握用眼睛说话的方式，可以让你能够与别人更好地沟通。

在一个寒冷的冬天，一位老人站在路口旁边等着搭车。天气非常冷，老人在寒风中冻得瑟瑟发抖，他很想立即坐进一辆温暖的车里。然而，这条路上的车非常多，可是老人并没有急着拦下过往的车辆，而是仔细地观察驾驶汽车的人，看完后他就摇摇头。车一辆辆从他身边开过，而他依旧站在路旁等待着下一辆车。

过了一段时间，又一辆车过来了，司机是一位女士，他走过去对她说："我可以搭你的车回家吗？"

这位女司机看到老人非常可怜的样子，于是便不假思索地说："当然了，请上车吧！"

老人非常高兴地上了车。上车后，老人就开始和女司机聊天。

女司机问老人："我注意到前面有很多车辆通过，可你却没有要求他们停车，但是当我来到你的面前时，你立刻要求搭我的车，这到底是为什么呢？"

这位老人十分平静地回答道："与人交往首先要看人的眼睛。前面的司机，他们的眼神当中显得非常不友善，因此我知道，如果搭他们的车可能会令人不痛快。然而我一看到你的眼神，就感觉到了爱与真诚，我知道你会让我坐你的车的，而且你也会对我和和气气的。"

开车的女司机听了老人的话非常谦虚地说："我非常感谢您，是您让我明白了眼睛的重要性。"

因为女司机眼神透着真诚，所以让老人觉得她心地善良，最终选择坐她的车，可见眼神是评价一个人非常重要的因素。

眼睛是人体最重要的器官，通过眼睛人们可以表达内心最真实的感受，可以让别人明白自己心里所想。

眼睛眉毛会说话，眼神里往往会突出一个人的感受，眼神中会透露出一个人的灵魂和最真实的思想，画龙的时候无论龙的身子多么的腾云驾雾，栩栩如生，最后决定这个龙画的好坏还是龙的眼睛，只有龙的眼睛画好了，龙才会有精神，有生命力。人亦如此，眼神的交流是非常重要的，眼神是最能打动人的，如果是眼睛是心灵的窗户，那么眼神就是透过窗子的温暖的阳光。

眼睛是心灵的窗户，人的灵魂和真实感受都是从这扇窗里表现出来的，眉毛眼睛是会说话的，并且说的话会比交谈更真实，更能让人去判断，从而让人去更好地相信交流者。我们在与别人交流时一定要观察对方的眼神，这有利于我们更好地判断对方的真实意思。同样的，我们在表达自己时也一定要多用我们的眼睛，因为别人会注意你的眼神变化，我们可以把我们的想法加入我们的眼神之中，这样就使得对方更能接受我们的想法，从而让交流变得更真诚、更有效。

人非草木，孰能无情

"人非草木，孰能无情"。人之所以能够区别于其他的动物，原因是人能够思考，人是有情的动物。人的感情非常复杂，每个人都有自己的思想，每个人都有情，无论是亲情、友情还是爱情都是一个人心底最真实感情的表达。

人是有感情的，人更是需要情的，一个没有感情的人是悲哀的，一个没有感情的世界更是黑暗的，没有温暖的。人与人之间需要感情，社会需要感情。如果没有感情的话，四川汶川大地震后就不会有全国人民团结一致的抗击灾害的感人一面；如果没有感情的话，社会就不会出现互帮互助的现象；如果没有感情的话，就不会有那么多的慈善机构；如果没有感情的话，夫妻不会

老人言

和睦,儿女不会孝顺,朋友就会互相欺骗……人没有感情的话,世界将是一片混乱。

阿明的好友住在另一座城市,虽然相隔将近三十里远,但是他每年必定会全家一起到朋友那里访问一次,甚至连小狗都带去。

然而好景不长,有一次,阿明和朋友因为一点小事吵了起来,最后两人不欢而散。从此后,他们彼此伤了和气,再也没有了来往。

可是那只狗不会懂得人的世界,因此它仍然保持着访问的习惯。到了那天,那只狗照例跑到了主人的朋友家中,到达的时候已经是傍晚了。

"他们的狗来了,他们一定是要和我们和好,估计马上就要到了!"阿明的朋友顿时喜出望外,并吩咐妻子赶快去准备饭菜。饭菜做好了,夫妻二人等待着阿明及他的家人到来,然而,他们一直等到了第二天,也没等到阿明一家人的身影。

朋友见阿明一家人没有来,非常不放心。于是就跑到了他家询问,才知道原来是狗自己跑去的。

阿明和朋友顿时显得非常尴尬,狗尚且不忘旧情,何况人呢?他们对自己的吵架举动感到自责,于是二人和好如初。

有一对情侣,男的非常懦弱,做事情之前都让女友先去尝试，然后自己跟在女友的后面。为此，女友感到十分不满，她总是埋怨男友不够坚强，一点都不像男子汉。

有一次两人结伴出海，在返航时，海浪将他们的船摧毁了，多亏女友抓住了一块木板才保住了两人的性命。

面对这样的情况，女友大声地问男友："你怕吗？"男友急忙从怀中拿出了一把水果刀很自信地说："如果有鲨鱼来袭击我们，我就会用这个对付它。"听了男友的话，她只是苦笑着摇头，认为自己已经指望不上男友了。

过了一会，一艘货轮发现了他们，正当他们为即将获救而欣喜若狂时，一条大鲨鱼正向他们快速地靠近。女友立刻大叫："我们赶快一起用力游，只要靠近货轮我们就会没事的。"男友大声说道："已经来不及了。"接着他突然用力将女友推进了海里，然后他一个人抓着木板朝货轮游过去了，他一边游一边对水里的女友大声喊道："这次我先尝试。"女友望着男友的背影，感到非常绝望，她没想到他是如此贪生怕死，为了自己的性命竟然牺牲了自己。

此时鲨鱼却一点点地向男子接近，很快，鲨鱼凶猛地撕咬着男子。他发疯似的冲女友喊道："我爱你。"男友死了，女友获救了。

甲板上的人见到这一幕残忍的画面全都在默哀，然后船长坐到女子身边说："小姐，你的男朋友是我见过的最勇敢的人。我们会为他祈祷的。"

"不,他是个胆小鬼,他见了鲨鱼来了就只顾自己逃生了,而竟然把我推到了水里,想不到最终鲨鱼还是吃了他。"女子冷冷地说。

"你怎么这样说你的男朋友呢?刚才我一直用望远镜观察着你们,我非常清楚地看到他把你推开后就立刻用刀子割破了自己的手腕。鲨鱼对血腥味非常敏感,如果他不这样做来争取时间,恐怕你永远不会出现在这艘船上了,是你的男朋友为了挽救你,牺牲了他自己,你男朋友真的很爱你,他真的是这个世界上最勇敢的人。"

听了船长的话,女子的泪水顿时浸湿了脸颊,她为男朋友的死去感到难过,更为自己错怪了他而悲痛欲绝。

是啊,人非草木,孰能无情。面对鲨鱼的攻击,男子毅然选择牺牲自己去挽救女友的性命,因为他的心里充满了对女朋友的真挚感情。

如果没有感情,人类社会就不会发展下去,人类社会之所以在不断地进步,就是因为人们相互帮助,互相扶持的结果。感情对于人的重要性就好比润滑油对齿轮的重要性一样,没有了润滑油的润滑作用,齿轮就不会流畅地运转,齿轮不能正常地运转的话,机器就不会很好的工作。同样的道理,如果人类社会没有了感情，彼此之间就不会互帮互助，而一个人只靠自己的力量是无法生存下去的，这样的话人类社会就不会一直挺立在地球上了。

有这样一个真实的故事。这个故事发生在西部一个极度缺水的沙漠地区。在这里，每人每天的用水量被严格地限定在了三斤。人们日常生活中的饮用、洗漱、洗菜、洗衣，包括喂牲口，全都依赖这三斤珍贵的水，然而就是这么一点点的水还得靠驻军从很远的地方辛苦地运来。人缺水是活不下去的，牲畜也是一样。终于有一天，一头憨厚的老牛挣脱了缰绳，闯到沙漠里运水车必经的公路旁，无论村民们怎么打骂就是不肯离去。

这时运水的车来了，只见老牛非常迅速地冲上了公路，司机见一头老牛突然挡住了去路，立即紧急刹车，接着军车缓缓地停了下来。

老牛沉默着立在车前，任凭司机怎样呵斥驱赶，它就是不肯挪动半步。五分钟过去了，十分钟过去了，双方仍然这样僵持着。运水的战士以前也碰到过牲口拦路索水的情形，但是却没有遇到过如此倔强的老牛，因此也无计可施。人和牛就这样对峙着，时间一点一点地流逝，老牛就是不肯离开，运水车怎么也不能前进。性急的司机试图点火驱赶，可老牛仍然一动不动。后来，牛的主人来了，见自家的老牛惹了这么大的麻烦，顿时恼羞成怒。他扬起长鞭，狠狠地抽打着这头瘦骨嶙峋的老牛。牛被打得直叫，但就是不肯让开。它凄厉的叫声,在空旷的沙漠中回荡着,显得分外悲壮。一旁的运水战士看到这种场面终于忍不住哭了,接着司机也哭了。最后,运水的战士大声说道:"就让我违反一次规定吧,我愿意接受处分。"于是他从水车上取出半盆水,放在了这头老牛面前。出人意料的是,老牛并没有喝水,而是对着远方"哞哞"地叫,似乎在呼唤什么。不一会,远处跑来一头小牛,见了水立即冲了过来。老牛慈爱地看着小牛贪婪地喝完水,尾巴温柔地摇晃着,并伸出舌头舔舔小牛的眼睛,小牛也舔舔老牛的眼睛。小牛喝完水后,没等主人吆喝,老牛就领着小牛慢慢往回走去。

老牛为了让小牛喝上一点水,不惜挡住运水车,任凭怎么鞭打,仍旧不肯离去。因为它爱自己的孩子,所以它宁肯挨打也要给孩子弄一点点水。动物尚且可以做到如此有情有爱,何况我们人呢?

人虽然不能被感情羁绊,但更不能没有感情。因为只有有情有爱,社会才是美好的,生命才会是有意义的、有价值的!

先自我肯定,才能得到别人的肯定

生活中的最常见的还是平凡人,没有过人的智慧,也没有惊为天人的美貌,而且或多或少,还会有些缺陷和不足,比如说话结巴，生性怯懦等等。很多人对自己的"不美好"郁郁寡欢，缺乏信心，常常自我否定。对此，林语堂曾经说过："自己都不相信的人怎能使人信服？"在我们的周围，并不是每个人都是天之骄子，能受到上天给予的恩宠。天降大任之前，我们首先要肯定自己的能力，发挥自己无限的潜能，最终才能获得别人的肯定。

肯定自己非常重要，因为即使我们有这样或者那样的不好，但是没有人能代替自己。或许我们出生并不显赫，学习并不出众，所在职位也不核心，但这丝毫不阻碍我们自己对自己的肯定。自己肯定自己的重要性首先表现着对自然规律的尊重。从一颗小小的受精卵，到诞出健康的胎儿，历经千辛万苦孕育出来的生命怎么会不重要？人为万物灵长，生而为人，本就是一件神圣而值得骄傲的事情。我们有智慧，能思考，有感情，能表达，这多么奇妙和伟大，如果你是一个有着感悟之心，且对一切造物主的赐予都心怀感激，你定会尊重、热爱生命且为之骄傲。一切有生命的存在骄傲应是如此，何况你是不平凡的万物灵长——人！每一个人在降生的时候，他的身上必定有出众的东西，做这件事情是你的弱项，做另一件事情必为你的强项。

有很多人不敢断定"我很重要"的很大一个原因是他们搞混了"重要"和"伟大"，重要和伟大并不是同义词，重要是心灵对生命的允诺，人们常从一个人事业是否成功，甚至肤浅的是否有钱来判断一人是不是重要。其实这些外在的东西都不应当成为标准，只要我们时时刻刻努力，为了理想奋斗，我们就是世间无比重要的存在。

汤姆·邓普西生下来的时候就只有半只左脚和一只畸形的右手，但是他的父母并没有认为这样的问题会给汤姆的人生路带来什么影响。汤姆在父母的肯定下自己也不觉得自己和别人有什么不同，他做了任何健康男孩所能做的事：比如童子军团行军10公里，他走得不比任何人差。

后来他逐渐对橄榄球有了兴趣。他发现，自己可以把球比他的小伙伴们踢得都远，于是他央求父母为他找人专门设计了一双鞋子，日日努力训练，最终他通过了踢球测验，并且得到了冲锋队的一份合约。

然而，教练得知他的情况后，婉转地告诉他"不具备做职业橄榄球员的条件"，并且还劝他去试试其他的事业。可汤姆并没有因此而断言自己不行，相反，他无比地相信自己可以踢好橄榄球，他申请加入新奥尔良圣徒队。教练虽然心存怀疑，但是看到这个男孩这么自信，于是对他有了好感，便留下他，给他一个机会。

几个星期后，教练渐渐发现汤姆为了踢好橄榄球真的很努力,并且汤姆身上有一种感染力,深深地让别人觉得"我汤姆,能踢好球"。在一次友谊赛中,汤姆踢出了55码并且为本队贡献了数分,这也使他获得了新奥尔良圣徒队职业球员的工作,在那个赛季中他的球队得了99分。

不久,汤姆就迎来了他一生中最伟大的时刻。那天,球场上坐了6.6万名球迷,比赛只剩下最后几秒钟,球队把球从28码线推进到45码线上。当汤姆进场时,他知道他的球队距离得分有45码远。队友尽力把球传到汤姆脚下,汤姆一脚全力踢在球身上,球笔直地向前冲去。6.6万名球迷屏住气观看,不到1秒钟,球在球门横杆之上几英寸的地方越过,接着终端得分线上的裁判举起了双手,表示得了3分,汤姆的球队以19比17获胜。球迷顿时开始狂呼高叫,为这踢得最远的一球而兴奋,也为胜利而兴奋,当然也为汤姆而兴奋,因为他的故事已经家喻户晓!

汤姆并没有因为天生的残疾而感到自卑,否定自己,消极应对,实际上,他非常自信,他一开始就肯定自己可以踢球,是踢橄榄球的料,这自信让他忽略了自身条件的不足。就像健全的普通人一样,发现了自己的专长和兴趣,然后为了梦想和目标努力坚持。诚然,身体缺陷不利于体育运动,这不是他自卑或放弃的理由,天赋让他骄傲,他那骄傲而执着的心最终引导他实现了在旁人看来不可思议的成功。

其实，每个向往成功，不随波逐流的人，都应该肯定自己，并且相信其实最优秀的人就是你自己，把自己当作主角，在人生的舞台上倾力上演属于自己无怨无悔的人生。我们有千千万万个理由和无数的底气，能让我们扬起头，对所有人宣布：我很重要。

可悲的是，有些人一生都在怨天尤人，质疑自己。每当梦想萌生时，或者机会来临时，他们的第一反应往往是，我能行吗？我能干好吗？其实这时他们急需肯定自己，自我肯定是由内心深处自然而然散发出来的气场，它会让你在行动之中倍感力量和指引，此时你生命中的贵人便会悄悄来到你身边，他也会被你的自信感染，此时你就是千里马，伯乐自会来找你。当然这一切的前提是自信，以及自我肯定。林语堂曾经说过："自己都不相信的人怎能使人信服？"如果一个人消极自卑，甚至思维混乱，精神萎靡，那么他就变不成千里马，纵使有伯乐在他的身边，伯乐也终将弃他而去。

因为人们都喜欢帮助，提携乐观自信的人，因为这样的人身上有无限魅力，人们将会受到他们积极正面的感染与影响。

总之，人生如同一部戏剧，我们都在扮演着自己的角色。有的人把自己当成很重要的角色，有的人把自己当成无关紧要的路人甲。但是只要我们愿意,我们每个人都是主角,都很重要,相信自己,当生活的主角,向梦想进发!

金窝银窝不如自己的穷窝

俗话说:"金窝银窝不如自己的穷窝。"追逐再多的名利,挣再多的金银,倘若丢失了自己心中的幸福,即使住在金窝银窝也体会不到内心的快乐。如果内心充实,即使是生活水平一般,甚至身处穷窝也会有心中的幸福。

相信每个人都有恋家情结,在外面流浪久了会加倍想家,飘荡在外面会更加思念家人。家总有让你牵挂的东西,这些东西,是无论用多少钱也换不来的。无论多豪华的饭店,也比不上一个真正意义上的家。

家对于我们来说,是一种精神的寄托。不管怎样简陋的房子,只要那是家,只要有那份情在,它就比任何地方更豪华,更舒适。

家财万贯大企业家刘国庆,他拥有豪宅,有车,有钱,有权,有势。身边的朋友们总是羡慕着他。他可以说什么都有了。可是刘国庆往往因为事业繁忙,而忘了自己的"家"。或许他认为顾家会丢掉万贯家产;或许他拥有的太多,所以舍不得放弃已拥有的；或许在他回到他的豪宅时，刘国庆面对的只是一面面冰冷的墙壁。他是寂寞的，是孤单的。虽然表面上看起来，他拥有了全世界！他是那么的耀眼！但他失去了真正的"家"。平凡的人们只是一味地羡慕着他们拥有的金钱，拥有的地位。而平凡的人们或许没有想过，他们拥有的是令人羡慕的"家"。

我们虽然并不拥有财富，但我们拥有幸福。让我们在小幸福中满足吧，让我们去珍惜我们的"窝"吧！窝就是无论外头多冷，都能让你感到无比温暖的地方。窝就是累了有人让你靠，哭了有人听你说，甜了有人与你分享的地方。悲哀的是，出外闯荡之人不计其数，古来又有几人功成名就？有的一事无成，铩羽而归；有的看破尘世，归隐还乡；有的不忍失败，自刎他乡。无论你是成功还是失败，自己的窝，才是最终的地方。自己的家，才是最终的归宿。

"金窝银窝"纵然极具吸引力，但是它却缺少一些温情的东西，这些温情的东西金钱是买不到的，更是无法衡量的。只有自己那不大的"小窝"才是最令你留恋的地方，因为只有在自己的小窝里才会让你最舒服，最温暖。

攒钱好比针挑土，败家犹如水推沙

"攒钱好比针挑土，败家犹如水推沙"，大致意思是积攒钱财好比用针一点点地挑土，散尽家业就如流水冲走沙子；比喻攒钱很不容易，花钱却很容易。这句老人言告诫人们要珍惜自己得来不易的劳动成果，勤俭节约，千万不要奢侈浪费。

上至国家，下至一个团体或家庭，靠的是一代又一代的艰苦朴素和勤俭节约的精神，才能建立起坚实的基础；而不是靠投机取巧，一夜暴富实现的。历史上有卧薪尝胆的勾践，经过"十年生聚，十年教训"的积累，顽强渡过难关，从而使越国一步一步走向强大，最终打败了吴国，洗去了灭国的奇耻大辱，从而留下一世英名。然而勾践忍辱负重20年积累起来的家业，最终在继承者的手里走向了灭亡。唐代大诗人李白曾赋诗感叹越国的结局："越王勾践破吴归，战士还家尽锦衣。宫女如花满春殿，只今唯有鹧鸪飞。"前一个忍辱负重，犹如浴火重生的凤凰。勾践用了近20年的时间，使一个亡国的君主能够打败强大的吴国，从而取而代之，这个过程可谓壮烈，这种精神可谓令人敬佩。可惜，好不容易建立起来的家国，竟然毁于一旦，令人惋惜。从这点看，"败家犹如水推沙"是多么的可怕，我们一定要引以为戒。

老人言

朱元璋的故乡凤阳,还流传着这样的一段歌谣:"皇帝请客,四菜一汤,萝卜韭菜,着实甜香;小葱豆腐,意义深长,一清二白,贪官心慌。"朱元璋给马皇后庆祝寿诞,只用红萝卜、韭菜、青菜两碗,小葱豆腐汤,宴请众大臣。并且还约法三章:今后不论谁家摆宴席,只许这个标准,谁要是违反这个规定,一定要严惩不贷。这可能也仅仅算了一个谚语,但大明江山几百年,这可能多多少少与朱元璋的勤俭节约的作风有关。

季文子出身于将相世家,是春秋时期鲁国的贵族。他为官数十载,清正廉明。他一生俭朴,从不奢华,并且要求家人也过跟他一样简朴的生活。他穿衣不讲求华丽,只求朴素整洁,除了朝服之外,平时没有几件像样的衣服,每次外出,所乘坐的马车也极其简单,没有什么装饰。

他是如此的节俭,于是有人就劝他说:"你官拜上卿,德高望重,但我听说您的家里人也穿粗衣草履,也不用粮食喂马,只用草料。你自己平时也不注重自己的仪表,这样是不是显得太寒酸了?要是让别国的使节看到你的这身打扮会有损于我们国家的体面,人家会说鲁国的上卿就是这样一个朴素的人啊,那鲁国国力不强盛啊。您为什么不改变一下自己的衣着呢?这于对自己或国家都有好处,何乐而不为呢?"

季文子听后这番言论,淡然一笑,对那人严肃地说:"我也想把家里布置得富丽堂皇,妻妾穿绫罗绸缎。但是你看看我们国家的百姓,他们还生活在困境中,有很多人还人吃糠咽菜,穿着破旧不堪的衣服,还有人正在挨饿受冻;想到这些,我们怎能去忍心过奢华的生活,如果平民百姓生活困苦不堪,而我的妻妾却锦衣玉食,马匹用粮食饲养,这哪里还有为官的良心啊?况且,我还听说,评判一个国家是否强盛,只能通过臣民的高洁品行表现出来,并不是以他们拥有多少美艳的妻妾和肥壮的骏马来评定的。"

此后,季文子艰苦朴素的生活,成为大家竞相效仿的榜样。

自古都是"攒钱好比针挑土,败家犹如水推沙"。来之不易,失之有余。做人勤俭,是一个人的高风亮节的品性,是人格魅力的体现,是内涵和修养的外露。铺张浪费只是贪图一时之快,一时的享受,这种不计后果的行为,都是虚幻的,暂时的,其实是一种内心的空虚的表现,在一些事上得不到满足,就利用奢侈的行为填补空虚。古人常告诫我们"由俭入奢易,由奢入俭难"。只有勤俭节约,修身养性,不为物质利益所利诱,"不以物喜,不以己悲","达则兼济天下,穷则独善其身",保持一颗纯洁的心,不虚荣,不浮夸,才能淡泊以明志,宁静而致远。

蚕丝作茧，自缚其身

俗话说："蚕丝作茧，自缚其身。"比喻做了某件事，结果使自己受困；也比喻自己给自己找麻烦。人行不善则作茧自缚，自食恶果。生命的意义并不在于生活强加于你的形式，而在于无论经历什么样的生活，你都能保持一颗无悔的善良之心。无论现实怎样捉弄人，都不应该丢失善良的本性。

从前有一只自作聪明的狐狸，它从来都不学习如何捕捉猎物，只管吃，喝，玩，乐。这只狐狸长大后，父母都去世了，可它由于没学习捕捉动物，所以整天只有空着肚子。

为此，森林里的动物全都嘲笑它，觉得狐狸非常没用，狐狸自己也觉得非常没面子。

有一天，它又在四处闲逛。刚好，一只老虎从它门前走过，它心想："如果我消灭了凶猛的老虎，其他的动物会不会高看我一眼呢？"

想到这里狐狸便对老虎说："老虎大哥，我知道有个小岛，岛上有很多的兔子，我们何不去美餐一顿。"

老虎也正在寻找食物，听了狐狸的话，非常高兴，于是满口答应了。

到了岛的入口处，有一座小桥，狐狸让老虎等它过去后再过去，狐狸一到对岸，看见老虎上了桥，立马把支撑桥的绳子切断，老虎掉下海里摔死了。可是，过了一会儿，狐狸突然猛拍自己脑瓜子，大叫："惨了！"原来这个小岛四面都是海洋，只有靠绳索桥来连接陆地，可现在绳索桥断了，狐狸被困在那个漂流的小岛上了，不久就被饿死了。

狐狸一心想要害死老虎，不料最终自己也困死在岛上，最终死在了自己的手上，可见作茧自缚终究是没有好下场的。

人不能够丢失自己的善良本性，丢失了一颗善意的心，人就会变得如同走肉一般，时常保持一颗宽容的心，善良的灵魂，人才会变得宁静，无欲无求。

有一天，狼发现在山脚下有个山洞，许许多多的动物都会从此处经过。狼非常高兴，它把这个洞的其他出口都堵上，然后隐藏在洞的另一端，等待动物们来送死。不一会，一只老虎来到了洞口，狼顿时被吓坏了，拔腿就跑，老虎见到了狼便穷追不舍。可是所有的出口全部都被狼堵死了，狼活生生被堵在了洞里，没有任何出路，最终无法逃脱，被老虎吃掉了。

狼存着杀害其他动物的心，终招致自己的灭亡。可见保持一颗平和善意的心灵是多么重要，常存恶念只会作茧自缚。

蚕丝作茧，自缚其身，懂得了这个道理后，何不心平气和的追求宁静，享受快乐呢？

好心倒做了驴肝肺

生活中往往会有这样的事情：当你热心地帮助了别人后，对方不但不感激，反而会责怪你多管闲事，把你的好心当作了驴肝肺。为此很多人都感到不解和委屈，为什么自己明明做了好事，却换来了这样的结果呢？

生活中的苦恼是多种多样的，当然最痛心的苦恼之一莫过于好心被别人误以为是恶意。当你善意待人，给人帮助的时候，却被别人误认为是心存恶意，内心难免会有挫败感。

当好心被当成驴肝肺的时候，有些人就会因为苦闷、委屈而走向另一个极端。他们会想："既然好心被当成歹意，那我就把好心换成歹心，让你看一看什么才叫歹意。"这通常都是气话，说说也可以谅解，这却是万万做不得的。害人之心不可有，这是最起码的道德要求。当自己的好意被别人当作多管闲事的时候，我们大可不必为此烦恼，至少自己会问心无愧，坦坦荡荡。

吕洞宾是我国著名的道教仙人。原名吕岩，字洞宾，号纯阳子。他与铁拐李、汉钟离、蓝采和、张果老、何仙姑、韩湘子、曹国舅并称为"八仙"。他是八仙中最著名、也是民间传说最多的一位。

据传，吕洞宾有个同乡好友叫苟杳。苟杳父母双亡，孤身一人，非常忠厚，是一个正人君子，他读书非常勤奋，吕洞宾很赏识他，与他结拜为异姓兄弟，并请他到自己家中居住，希望他能刻苦读书，以后能有个出头之日，有一番作为。

有一天，吕洞宾家里来了一位姓林的客人，见苟杳一表人才，读书如此用功，便对吕洞宾说："我见苟杳一表人才，定有一番大作为，因此我想把妹妹许配给他。"吕洞宾深怕耽误了苟杳的大好前程，于是就连忙推托。没有料到的是，苟杳听说林家小姐生的貌美如花，因此执意要应允这门亲事。吕洞宾思索良久后只好同意了，他对苟杳说："贤弟既然主意已定，我不阻拦，不过成亲之后，我要先陪新娘子睡三宿。"苟杳听了大吃一惊，不知道自己的兄弟为何出此言论。但是无奈自己寄人篱下，凡事都得应允，再一想想，婚礼的一切花费还都得仰仗着吕家呢。思前想后，苟杳还是咬咬牙答应了。

苟杳成亲那天，吕洞宾非常勤快，跑前跑后地张罗一切，苟杳却无脸见人，干脆躲到了一边。到了晚上，送走了宾客后，吕洞宾就进了洞房。只见新娘子头盖红纱，倚床而坐。吕洞宾却不去掀那红盖头，也不说话，只管坐在灯下埋头读书，林小姐等到半夜，仍然不见丈夫有上床就寝的意思，只好和衣睡下了。当天明醒来，却发现丈夫早已不见。接下来一连三夜都是这样，使得

老人言

林小姐非常苦闷。

再说苟杳,好不容易熬过了三天时间,于是心急地进入了洞房,不料新娘子正伤心落泪。见到苟杳,林小姐低头哭着说:"郎君为何一连三夜都不上床同眠,只顾对灯读书,天黑而来,天明而去?"这一问,问得苟杳目瞪口呆。见苟杳不作声,新娘子便抬起头来,这一看,更是惊诧莫名,怎么丈夫换了个人呢?好半天,夫妻俩才恍然大悟。苟杳双脚一跺,仰天大笑地对妻子说:"原来是哥哥怕我贪欢,忘了读书,因此用此法来激励我啊!"林小姐也是心中欢喜,更是对吕洞宾充满了敬意。夫妻俩全都真诚地说道:"吕兄此恩,将来我们一定要报答。"

几年后,苟杳果然金榜题名,做了大官。夫妻俩与吕洞宾一家洒泪而别,赴任而去。一晃好多年过去了。这年夏天,吕家不慎失火,所有的家财顷刻间都化为了灰烬。吕洞宾和妻子孩子只好住在残砖破瓦搭就的茅屋里,每天都过得非常艰苦,一天两天还好,长此以往也不是个事,于是吕洞宾只好出门去找苟杳帮忙。

吕洞宾一路上历尽了千辛万苦,终于找到了苟杳的府院,苟杳对吕洞宾家遭大火非常同情,非常热情地接待了他,可就是不提帮忙的事,吕洞宾一连住了几个月,一点银子也没拿到。吕洞宾仰天长叹:"人情薄如纸,一阔脸就变,滔滔然天下皆是也!"

一气之下，不辞而别。

不久吕洞宾回到了家乡。令他惊讶的是，他老远就看见自家的破茅屋换成了新瓦房，他非常地诧异："自己远离，子幼妻弱，怎能大兴土木？"当走近家门时，吕洞宾更是惊得三魂走了两魄，他发现自家大门两旁竟然贴了白纸。"怎么回事，难道家里死了人？"吕洞宾自己不停地瞎猜，他慌忙进屋，只见屋里停着一口棺材，妻子则披麻戴孝，正在号啕大哭。吕洞宾愣了半天，不知其意，于是便轻轻叫一声："娘子。"

娘子回头一看，顿时惊恐万状，问道："你，你是人还是鬼？"

吕洞宾更觉诧异："娘子怎出此言？我好好地回来了，如何是鬼？"

听了吕洞宾的话，娘子端详了半天，才敢相信真是自己的丈夫回来了，便惊讶地说："你真的回来了！你可当真吓死我了！我这不会是在梦中吧。"

吕洞宾赶紧问妻子事情的缘由，原来，吕洞宾离家不久，就有一帮人来帮他盖房子，盖完了房子就走了。前天中午，又有一帮人抬来一口棺材，说是吕洞宾在苟杳家病死了。妻子一听，顿时如五雷轰顶，哭得死去活来。然而今天正哭着，不想丈夫竟然完好无缺地回来了。

吕洞宾顿时明白了这些都是苟杳玩的把戏，于是他愤怒地操

老人言

起一把利斧，狠劈棺材。只听"咔嚓"一声，棺材劈开了，里面竟全是金银财宝，还有一封信。吕洞宾展开信读道："苟杳不是负心郎，路送金银家盖房。你让我妻守空房，我让你妻哭断肠。"吕洞宾恍然大悟，苦笑地说道："贤弟，你这一帮，可帮得我好苦啊！"

从此，吕苟两家倍加亲热。这就是俗话常说的"苟杳吕洞宾，不识好人心"，因为"苟杳"与"狗咬"同音，传来传去竟成了"狗咬吕洞宾，不识好人心"。

"狗咬吕洞宾不识好人心"的无奈与"好心当成驴肝肺"的无奈是如出一辙的，做了好事却不让别人感到开心，反而会责备多管闲事，甚至认为心存歹意。仔细想想出现这种原因的情况大多是因为误会，试想哪个人会在知道别人给予自己帮助后，还恩将仇报呢？

从另一个角度来说，好心被人当成了驴肝肺，也是没有什么值得苦恼的，因为自己是好心，所以心里就会没有内疚，没有悔恨，会非常坦然。在夜深人静的时候，扪心自问，没有对不住人的地方，就不会有烦恼了。

知足者常乐

知足是灵魂的滋养,知足是幸福的前提。做一个知足的人需要勇气,需要耐性,更需要智慧。每一个懂得知足的人,都可以把平淡生活过得丰富多彩,都可以找到隐藏在细节中的美好与快乐。

也许人类最大的缺点,便是贪心。生活中总有那么一些人喜欢羡慕别人的生活,总爱抱怨对生活的不满。他们忽略了自己所拥有的一切:健康的身体、和睦的家庭、安定的工作、知心的朋友,等等,而这些也许正是别人梦寐以求的东西。

也许人类最可悲的便是看不见自己生命中的美,让多少欢乐悄然逝去,留下无尽的遗憾。

人,不应该去强求不属于自己的东西。得不到未尝不是一种缺憾美,它会使你永远拥有希望和信心,从而不懈地去追求;而终日停留在哀叹中,只能是浪费生命,虚度光阴,毫无意义。

生活,带给我们很多欢笑与快乐,我们应该感谢生活。我们应该知足,身体是健康的,我们就已经拥有了人生中的第一笔财富;我们同样应该知足,家庭是幸福美满的,这也是上天赐予我们最大的恩惠;我们应该知足,无论在世界哪一个角落,总有二三知己为伴。

所以,我们不必感叹别人的富裕,嫉妒别人的权势,因为我们的生命中也有很多让别人羡慕的精彩。抛开那些无休止的欲望吧,它只会令人徒增烦恼。只有当你知道自己幸福的时候,你才真正是幸福的人。

曾经有人说过这样一段话:

如果早上醒来,你发现自己还能自由呼吸,你就比在这一周离开人世的 100 万人更有福气。

如果你从未经历过战争的危险、被囚禁的孤寂、受折磨的痛苦和忍饥挨饿的难受……你已经好过世界上 5 亿人。

如果你的冰箱里有食物,身上有足够的衣服,有屋栖身,你已经比世界上 70% 的人更富足。

如果你银行户头有存款,钱包里有现金,你已经身居世界上最富有的 8% 的人之列。

如果你的双亲仍然在世,并且没有分居或离婚,你已属于稀少的一群。

如果你能抬起头,带着笑容,内心充满感恩的心情,你是真的幸福——因为世界上大部分的人都可以这样做,但是,他们没有。

如果你能握着一个人的手,拥抱他,或者只在他的肩膀上拍一下……你的确有福气——因为你所做的,已经等同于上帝才能做到的。

当你读完这段话时，内心是否也感到一阵巨大的震动呢？你或许是平凡的，但你不一定就不是幸福的。你的财富往往就是这些看似平凡的东西，只要你拥有一颗知足的心，就不会被虚荣蒙上眼睛，你才能够发现这一切，它们都不应当被你忽略。"知足者常乐"，五个字而已，幸福也就是这么简单。

知足就是积极向上地对待人生的得失、心平气和地对待不幸和快乐、做到宠辱不惊。

知足是一种了不起的、不为世俗和名利所动的境界。我们可以积极地进取和探求，但是内心深处，一定要为自己保留一份超脱，做到知足者常乐。

只有知足，才能笑对得失祸福，才能冷静客观地对待现实，正确地认识自己、审视自己，寻找自己生活、事业的最佳"度"。否则，不切实际，一味地沉浸在欲望的漩涡中只会将自己淹没。

如果懂得知足的幸福，你就会在达成自己的一个梦想后停下来。先好好体会这过程中的苦与累、惊与喜，看清楚这过程中曾给过自己关怀的人们，然后以感激的心来报答他们对自己的这一份恩情。在这过程中，你会明白什么才是你真正所需要的，什么是知足的幸福，而不是一些空洞而盲目的追求。

老人言

世事本无完美，人生当有不足

完美，也许只是"虚幻"的代名词。世界万物皆不完美，假若你非要背着完美上路，你将最终死于绝望。

完美，从古至今都是人类追求的目标，也是人类最大的悲哀。完美主义者往往既是自我嫌弃的高手，也是挑剔别人的专家。当自己不能达到理想中的完美高度时，我们很容易自暴自弃，作茧自缚；当别人没有理想中那样完美时，他们便心怀不满，怨恨不已。完美主义就这样成为他们一生的桎梏。

命运对谁都是公平的，它赐给了一个人才华，就不再赐给他容貌，可是其貌不扬又如何呢？重要的是你能发现自己的价值，绽放出自己的光芒。也许你并不富有，但健康的体魄支持着你去奋力拼搏，开创一番事业。

"世界并不完美，人生当有不足。"没有遗憾的过去无法链接人生。对于每个人来讲，不完美是客观存在的，无须怨天尤人。

有一位画家想画出一幅人人都喜欢的画。经过几个月的辛苦工作，他把画好的作品拿到市场上去，在画旁放了一支笔，并附上说明：亲爱的朋友，如果你认为这幅画哪里有欠佳之笔，请在画中标上记号。

晚上，画家取回画时，发现整个画面都涂满了记号——没有一笔一画不被指责。画家心中十分不快,对自己的画技深感失望。他决定换一种方法再去试试,于是他又带着一张同样的画到市场上展出。可这一次,他要求每位观赏者将其最为欣赏的妙笔都标上记号。结果是,一切被指责过的地方,如今全又换上了赞美的标记。

最后,画家不无感慨地说:"我现在终于明白了,无论自己做什么,只要使一部分人满意就足够了。因为,在有些人看来是丑的东西,在另一些人的眼里恰恰是美好的。"

完美是不可能达到的。在你的一生中,你绝对不可能让所有人都满意,绝对不可能达到至善至美的境界。完美往往只会成为人生的负担,阻碍你走向进步。

许多人终身都在寻找一位最完美的伴侣,寻找一份完美的工作,寻找一种完美的生活,然后日子就在这种寻找中如白驹过隙般流走了。完美是一座心中的宝塔,你可以在内心中向往它、塑造它、赞美它,但你切切不可把它当作一种现实存在,这样只会使你陷入无法自拔的矛盾之中。

不要用完美主义来禁锢自己。缺陷和不足是人人都有的,但是作为独立的个体,你要相信,你有许多与众不同的甚至优于别人的地方,你要用自己特有的形象装点这个丰富多彩的世界。

没有一个人是完美无瑕的,其实,只要你把"缺陷、不足"

这块堵在心口上的石头放下来，别过分地去关注它，它也就不会成为你的障碍。假如能善于利用你那已无法改变的缺陷、不足，那么，你仍然是一个有价值的人。

不要用完美主义来强求自己。那些追求完美的人，往往都在还没有衡量清楚自己的能力、兴趣之前，便一头栽在一个过于高远的目标里，每天受着辛苦和疲惫的折磨。他们希望获得他人的掌声和赞美，博得别人的羡慕，为此，便将自己推向完美的边界，做什么事都要尽善尽美。久而久之，生活便成了负担，工作当然也毫无意义可言。

其实，只要你知道这世界上没有什么会达到"完美"的境地，你就不必设定荒谬的完美标准来为难自己。你只要尽自己最大的努力去干好每件事，就已经是很大的成功了。

健康生活篇

第一章

安卧起居：居行有常，坐卧有方

——生活要讲究品质

宁可食无肉，不可饭无汤

有句谚语说得好："宁可食无肉，不可饭无汤。"一顿饭，可以没有肉，但是一碗好汤是必不可少的。可见，汤在人们的膳食中占有重要地位。一位烹调学家评价说：汤是餐桌上的第一佳肴，它不仅给人营养，而且汤的气味能使人恢复信心，就连它的热气都能使人感到宽慰。喝汤在我国饮食文化中是重要的一部分。尤其在我国的南方地区，大多数家庭每天都要做汤，浙江宁波人可谓名副其实的"喝汤族"，几乎每顿都离不开汤。

有人把喝汤戏称为"最廉价的健康保险费"，各国对汤都有独特的评价。日本人认为海带汤特效非凡，因而产妇分娩后首先要喝海带汤；朝鲜人竟把蛇肉汤视为治疗神经系统疾病的灵丹妙药，并认为这种汤具有长寿之功效；苏格兰人患了感冒就喝麻雀洋葱汤，据说疗效非常好。

在我国民间也流传着各种"食疗汤"：如鲫鱼汤通乳水，墨鱼汤补血，鸽肉汤利于伤口的收敛，红糖生姜汤可驱寒发表，绿豆汤清凉解暑，萝卜汤消食通气，黑木耳汤明目，白木耳汤补阳，生鱼汤可助手术后伤口愈合，参芪母鸡汤可治体虚之症，米汤可治疗婴儿脱水，黄瓜汤可减肥、美容，芦笋汤可抗癌、降压，虾皮豆腐汤可补钙壮骨。

现代人生活节奏快，工作压力大，很容易产生焦躁，忧虑等情绪，甚至出现神经衰弱，饮食结构的不合理往往会造成营养过剩或营养不良，而汤羹容易被人体吸收，能很好地解决上述问题。而且汤营养丰富，热量少，可滋润肌肤，对于爱美的女性是不错的减肥食品。有研究表明，喝菜汤能减轻体重，又不至于有饥饿感。喝汤的人每餐可少吸收 100～190 卡的热量。喝汤会使人产生一种饱感，而同等热量的其他食物则不会有这种感觉。喝汤减肥法有减肥药物所不能比拟的优点：效果持久，而且不反弹。

可能很多人以为，喝汤是一件很简单的事，殊不知，只有科学地喝汤，才能既吸收营养，又避免脂肪堆积。在这方面，我们有哪些需要注意的呢？

俗话说"饭前喝汤，苗条健康；饭后喝汤，越喝越胖"。饭前先喝几口汤，有利于食物稀释和搅拌，促进消化吸收。最重要的是，饭前喝汤可使胃里的食物充分贴近胃壁，增强饱腹感，降低食欲。餐后再喝汤容易导致营养过剩，造成肥胖。

餐前的汤怎么喝也很有讲究。老火汤、煲汤其实不适合餐前喝，因为其油盐含量很高，多喝反而不利健康。最好选择口味清淡的蔬菜汤，不仅爽口，还不会增加过多的热量。经常感到胃胀、烧心、反酸的人通常消化不好、胃酸分泌较少，不宜餐前喝汤，因为这样容易冲淡胃液，更不利于食物的消化吸收。需要特别提醒的是高血压、高血脂、肥胖症患者，在外就餐尽量别喝汤。

就算是每个季节，对应的汤品都有所不同。春温、夏热、秋凉、冬寒，一年四季，气候变化明显，依照四季气候的变化特点，我们可以把汤水分为"驱寒除湿"、"消暑退热"、"滋润肠燥"和"益补强身"四种功能。在不同季节，煲不同种类的老火靓汤，能达到补益强身，滋润养颜的效果。

食不言，睡不语

所谓"食不言，睡不语"是提醒人们，睡觉前要少说话，以免神经过度兴奋，使自己难以入睡；而在进食、吃饭时，不要高谈阔论，而要专注于吃饭，以免影响消化；这样才有助于健康养生。

许多人认为不管什么事情，只有在餐桌上才能谈成事，于是常常边吃边谈，甚至边吃边喧闹，或者边饮边抽烟。殊不知，这对身体是极为有害的。因为我们放进嘴里的食物只有在口腔唾液的参与下，牙齿才能将它研磨捣碎，之后才能通过吞咽动作，进入胃中。并且，还得在胃酸和消化系统的作用下进行"食糜"，最后才能再进入小肠，被消化吸收。如果进食时，不断说笑、喧哗或打闹，那么，就会促使胃的蠕动减弱，使消化液分泌减少。而且，进食时高谈阔论还容易将大量的空气吞咽到胃肠，从而引起恶心、呕吐、腹胀等，易诱发慢性胃炎或消化不良诸病。

你也许不知道，在我们的咽部有一前一后两条往下去的通道，在前的是气管，在后的是食管。而且，咽喉是个四通八达的"交通要道"，它往上通向鼻腔、口腔，往下通向食管、气管。然而，食物的通路只能走食管一条道，其余都不是"食管"。

每当我们进餐时，那些在口腔中经过充分咀嚼的食物要由吞咽动作从口腔里往后送，从食道送往胃部。但是，为了保证食物在咽下时不"迷路"，于是这种"吞咽活动"就产生了一系列复杂的动作。一些喉部医生都知道，在人的食道部有一个悬着的小肉垂，俗叫小舌头，每当吞咽食物时，它就往上抬高，正好盖住鼻腔后部，使食物不能进入鼻腔，从而顺利进入食道。

因此，吃东西时，如果不小心，使食物误入了气管，就会不断地咳嗽发呛，直至最后把异物咳出来为止，但这样是非常难受的。如果食物渣子进入气管，就又会顺着支气管，嵌入较小的细支气管，这样就有可能将这些小支气管堵塞。那么，这些无法排出的饭粒就会在这里繁殖细菌等有害物质，时间一长还将会酿成气管炎、肺炎等，非常危险。所以，为了保护气管，不使异物侵入，吃饭时注意不要说话，更不可以打闹追逐。

进食时除了不要喧哗外，还要定食、定量、细嚼、慢咽，以维护消化功能的稳定，只有这样才能保证胃肠健康。

为什么睡觉时要一心一意，不要说话呢？因为当你准备入睡时躺在床上无边际地闲聊天时，就会使大脑神经趋于兴奋的状态而难入睡，即使入睡也会造成失眠、多梦等，影响睡眠质量。

经过多次临床研究发现，如果临睡前说笑太多，过于兴奋或忧郁，就会很难入睡，即使入睡了，由于大脑皮层的一部分兴奋点还在活动，这就容易做梦，影响大脑休息。而且，有时在第二天早上还会出现头晕、脑涨或无精打采的精神状态，从而妨碍工作或学习，甚至给工作造成差错。

因此，为了好的睡眠，在入睡前最好能使大脑皮层由高度的紧张、兴奋，逐步转入松弛的状态，这样才能促进入眠。

此外，有的人由于睡前太兴奋，而睡后常常说梦话，白天干什么，心里想什么，睡着后会不由自主说出去。如果是该秘密的事情也全坦白说了，这样还会出大乱子的。所以，保持良好的睡眠是很重要的。

一夜不睡，十夜不醒

"一夜不睡，十夜不醒。"意思是说如果一晚上不睡觉或者是没睡好，往往会好几天处于精神萎靡、混沌不振的状态，就是睡上十夜，也不能把一晚上不睡觉的损失补回来。这说明了每天晚上都需要充分安眠休憩的重要性。

生活中，很多人都有这样的感觉，如果一个晚上没有睡好觉，通常会好几天都处于精神不振的状态，由于睡眠时间明显不足，白天就很容易感到疲乏、心烦，注意力不集中，因而办事效率低下等。于是，有些人总是抱怨说："哎，昨天晚上又没有睡好，今天一点儿精神都没有。到了晚上我一定要睡个好觉。"但是，结果却事与愿违，越想睡好觉越睡不着，如此形成恶性循环，于是在造成失眠的同时，也大大影响了身心健康。

要知道，良好的睡眠，不但能消除身体的疲劳，使体能得到恢复，还能使人体产生新的活力，更重要的是，好睡眠还可以提高免疫力，加强抵抗疾病能力。与之相反，如果长期睡眠不好，人就会出现诸多的不适，比如说心悸、胸闷、腰酸、腹胀等，而且，还会形成"睡不好，吃不香，做不动"的恶性循环，从而让身体的健康指数出现大幅度滑坡，严重影响工作与学习。

近年来，在医学界提出了一个新的养生观念——生物钟养生。这一养生学的核心要旨就是要主动休息，按时就寝，形成规律的生活。而且，一旦这种"生活定型"后，就不要随意去破坏它或打乱它，否则，便会损害健康。

其实，多项科学研究均认为，在人体内确实有一只"钟"，它控制着人体生理机能的运行，甚至掌握着人的生活方式与健康：如觉醒与睡眠、体温高与低、血压升与降、疾病与健康等，以及一些正常生理活动的运行。这种生理活动的规律性，被科学家称之为"生物钟"，然而，面对这个神秘的"时钟"，却要小心维护，一旦冲撞了它的规律性，就有害健康。

生物钟需要良好的起居习惯来维护，而传统的睡眠观点是累了才休息，因此，这就需要修正，要主动休息，以养成习惯，尤其是保证充足的睡眠、不熬夜。

要知道，良好的睡眠不但能消除人的身心疲劳，还能产生新的活力，提高人体的免疫能力，所以即使工作再忙，也要充分休息,也不能太晚睡觉,更不可以一夜不睡。要知道"一夜不眠,十夜难补"的道理。如果睡眠时间大部分地被占用了,那么,人体的生物钟就会被打乱,这样一来就会不可避免地引起一系列副作用,使各种生理机能不能正常运转,从而导致体质急剧下降。

所以,养生就要做到每天按时起居、按时工作、按时休息,以保证生物钟正常运转,才能精力充沛,也才能对健康有益。

一般来说,健康的正常人如果反复或持续早醒的现象,便是抑郁症的"信号",这是在提示你已经进入抑郁状态或抑郁发作。这时你如果留意一下,就会发现自己情绪低落、精神不振、空虚无聊、悲观消沉、注意力涣散、激情消失、容易激怒等症状,如果真的如此,你要就注意了,要及时到医院接受医生的进一步诊治。

枕头不对,越睡越累

"枕头不对,越睡越累。"这句谚语是说枕头的好坏直接影响我们的睡眠质量。枕头是最重要的卧具之一。其作用是在睡眠时,保证人体颈部的生理弧度不变形。选对了枕头能够保障睡眠的质量,反之不仅睡不好,还容易生病,比如脖子动弹不了、腰酸背痛等。

我们天天都用枕头，但并不是所有人都会选枕头。人一生有三分之一的时间是在睡眠中度过的，枕头可说是相伴我们时间最长的一个伙伴了。这个伙伴选对了，不仅能够保障我们高质量的睡眠，而且决定着其余三分之二时间的工作和生活质量。选用符合人体力学设计的枕头，不仅对颈椎，而且对整个脊椎的生理弯曲及脊旁肌肉都有好处。

中国有句老话"高枕无忧"，说明要睡得好、睡得安稳，就要把枕头垫高。但从科学角度看，这种说法并不正确。长期睡过高的枕头会把颈椎拉直，脊柱就会变弯，并使颈部肌肉、肌腱和韧带受损，容易出现颈肩酸痛、手麻、头昏等症状；再次影响头部血液畅通，不能呼吸，使气管通气受阻，易导致咽干、咽痛和鼻鼾。长期下去必定给身体带来不良影响。

枕头太低也不行，去掉枕头平睡虽有利于维持颈椎的生理弯曲，但会使大脑瘀血，造成睡眠不佳、多梦、醒后头昏等。

我国常见的枕头有荞麦皮枕、稻壳枕、羽绒枕、天然乳胶枕、杜邦枕等。此外，还有用菊花等药物做芯的枕头及用藤、竹编制的枕头。

这些枕头都各有各的好处。枕头芯最容易藏污纳垢，久不清洁容易滋生霉菌、螨虫，还可能引发过敏、哮喘等呼吸道疾病。

枕头最好两月更换一次。

　　枕头除需选用合适的枕芯外，还必须选择合适的高度、宽度和硬度。枕头的高度，以躺卧时头与躯干保持水平相当为宜，也就是仰卧时枕高一拳，侧卧时枕高一拳半，成人用枕一般为15～20厘米高，以使仰睡、侧卧都能保持正常的生理弧度和感觉舒服；宽度超过肩宽，才让人睡觉有安全感。枕头不能太硬或太软，以减少头皮与枕头之间的压力强度，便于血液流通。过硬的枕头会使头部与枕头的接触面减少，压强增大；而枕头过软，则难以保持高度。因此，硬度要适中。另外，枕头的弹性不能太大，如"弹簧枕"、"气枕"等，因其不断地向头部施加压力，当人体睡眠时，颈部肌肉松弛，很容易造成颈部肌肉的疲劳和损伤。而且，弹性过大的枕头，一般总是中央高、边缘低，头在枕上不稳，易滑落。

　　我们中国人讲究阴阳调和，在夏天使用凉性的枕头，而冬天寒冷，就应该选择棉类材质的枕头。经常上火的人，比较适合填充蚕沙或者荞麦皮的枕头。老人不宜用凉性的保健枕头，最好用枕木棉、鸭绒类枕头。

　　每个人的颈椎不同，因此量身订制不同的健康枕头，可能就是我们的最佳选择。要选择出自己适合的枕头，得花一些时间，有一个好枕头就增加了一个安枕无忧的条件。

枕头对于人体的保健起着重要的作用。选择科学合理、方便有效的枕头是防止病痛缠身的一剂良方。若出现颈部酸痛、头痛、头晕、耳鸣及失眠等脑神经衰弱情况，或是睡觉睡到一半感到手麻脚麻，那可能就是你的枕头太高了；枕头过低会使头部充血，容易造成眼睑和颜面浮肿，并且下颌会因此向上抬，容易张口呼吸，出现打鼾的情况。如果颈部与肩醒末后出现酸痛的现象，那就是枕头太低、不用枕头或枕头太软造成的。关注健康，安心睡眠，应该从枕头开始。

吃得巧，睡得好

所谓"吃得巧，睡得好。"就是说睡眠的好坏与饮食有很大的关系。如果想拥有良好的睡眠，日常饮食一定要合理适当，特别是晚饭不要吃影响睡眠的食物，而应吃一些有助于睡眠的食物，才能保证睡眠的质量。

我们知道，睡眠是机体复原、整合和巩固记忆的重要环节，因而人的一生有三分之一的时间是在睡眠中度过的。那么，如果晚上睡不好，或者经常失眠，不仅影响第二天的精神状态，对身体健康也有危害。所以，改善睡眠是非常必要的。

睡眠不好与睡前的饮食有很大的关系。只有要吃得好，才能睡得好，且不可靠安眠药或其他药物来维持睡眠。因为药物不仅对身体有害，而且会产生依赖性。而有些食物却具有"催眠"的功效，如果能经常在睡前食用一些就可以起到改善睡眠的作用。对于经常失眠的人，最好晚上不宜吃那些高蛋白、高脂肪的食物，因为这些食物会使人体产生难以消化的酸性物质，从而刺激肠胃影响睡眠。最好吃一些富含碳水化合物的食物，如饼干、面包片等，这些食物可以有效增加人体血液中促进睡眠的物质——色氨酸，从而促使好的睡眠。

如果经常被失眠困扰，一定要想办法改善，想法提高自己的睡眠质量。但是，改善不良睡眠不能靠药物，因为如果长期服用安眠药等药物维持睡眠，就会造成耐药性，会使睡眠的效果越来越差，而且有的安眠药还会引起中毒，对肝脏会造成严重损害。因此，改善睡眠质量，通过饮食来调整是最好的办法。具体可以通过以下方法：

水果。如果经常睡眠不好，可以把橘子或苹果等水果切开，放在枕头边。这样躺在床上后，吸入水果的芳香气味，便可安然入睡。这是由于水果中的芳香气味，有较强的镇静神经的作用。

小米粥。我们经常食用的小米粥也可以有助睡眠，因为小米中含有丰富的色氨酸，而这种物质能促进大脑细胞分泌出一种使人昏然欲睡的神经递质，从而使人很快入眠。

食醋。食醋也有催眠的作用，如果你是因为旅途劳累而睡不着觉，就可以将一汤匙食醋倒入一杯冷开水中喝下，这样不仅很容易入睡，而且睡得很香。

牛奶。晚上喝一杯牛奶也有助于睡眠，不过由于牛奶的热量高，养成习惯后容易造成肥胖，因此晚上喝牛奶应该在睡前一小时左右。

面包。研究发现，面包所含的氨基酸代谢物能镇静神经，引人入睡。因此，经常失眠的人临睡前可吃点面包。

生菜。经常睡眠不好的人，可每天晚餐时用生菜拌沙拉吃，一般生菜叶三片就可以了。因为生菜中含有一种催眠成分，具有镇静安神、治疗失眠症的作用。

糖水。晚上如果喝上一杯糖水，你能很快进入梦乡。引入睡眠的是大脑中的一种血清素，如果由于烦躁使大脑皮层高度兴奋，难以安静入睡，这时你就可以喝一杯糖水，因为糖水在体内经过一系列化学反应，最后会生成大量的血清素，使大脑皮层受到抑制而进入安眠状态。

为了改善睡眠，中午以后就不要食用含有咖啡因的食物了，以免影响晚上睡眠。此外，在睡前4小时最好不要吃太多东西，在半夜饿醒后可以少量进食，这样会改善睡眠，不过不要养成习惯。

夜夜打呼噜，伴着阎王走

"夜夜打呼噜，伴着阎王走。"要警惕打呼噜对身体健康的危害，长期打呼噜严重妨碍气体交换，使肌体夜间长时间处于缺氧状态，长年累月会引起一系列生理及病理的改变。如高血压、心脏病、脑血栓、癫痫、阳痿等。

打呼噜也称打鼾，是司空见惯、不足为奇的事情，许多人还以为打呼噜是熟睡的表现。其实，鼾声中潜伏着危险因素，这种气流冲击上气道振动而发出的声音，虽不属于疾病，但要警惕其发展；如果鼾声时断时续，有起有伏，超过60分贝，证明上呼吸道可能出现阻塞，则会发生呼吸暂停。7小时睡眠中呼吸暂停超过30次，每次暂停时间超过10秒钟，就称为呼吸暂停综合征。

有一位爱打呼噜的男子去医院求治，医生让他做了"多导呼吸睡眠监测"。报告结果使人大吃一惊，这位男子7个小时的睡眠中，呼吸暂停了213次，最长的一次为156秒钟，暂停累计时间为2小时11分。血氧饱和度最低为61%（正常值大于95%），呼吸紊乱指数为64(正常小于5)。原来是由于该男子悬雍垂（小舌头）过长，扁桃体肥大，使上气道变狭窄，出现了呼吸暂停现象而引发鼾声。如果任其发展，不仅是单纯产生噪音，更可怕的是憋气、窒息甚至死亡。

医学人员在对北京城区和郊区的1.3万余名居民进行鼾症调查中，发现打鼾者比例为18.8%，出现呼吸暂停者占其中的1/5、男性高于女性，症状随年龄增长而加重。

打呼噜容易引起睡眠呼吸暂停低通气综合征（SAHS）。据临床的医生介绍，这种病症往往会被人们忽视，特别是对患有冠心病、高血压病、脑梗死的慢性病病人会使病情加重甚至造成死亡。

睡眠障碍是一种现代文明病，我国大约有4成人失眠、打鼾、早醒，向睡眠要健康，势在必行。其实，我们周围可能有很多打鼾的人，包括我们自己，鼾症是要治疗的。打鼾源于上气道梗阻，如果您有上气道梗阻，比如：过敏性鼻炎、鼻甲肥大、腺样体肥大、扁桃体肥大、舌根肥大等问题，就会引起上气道狭窄、组织松弛肥厚、气道塌陷性、睡眠时气道阻塞，阻塞不完全时出现打鼾，完全阻塞时则出现睡眠呼吸暂停。

据呼吸科专家介绍，睡眠呼吸暂停低通气综合征会使许多慢性病加重。

例如冠心病：睡眠呼吸暂停低通气综合征使冠心病患者夜间心肌缺血加重，诱发心绞痛；使心衰患者心源性死亡危险（夜间猝死）增加；使心律失常患者心肌异位兴奋阈值降低，治疗效果差，且反复发作。

高血压病：睡眠呼吸暂停低通气综合征是高血压病的一个独立的危险因素，RDI高，高血压病相对危险度就高，也就是合并脑梗死，脑出血、心肌梗死、肾衰竭的危险度就高。

脑梗死：睡眠呼吸暂停低通气综合征患者易患脑梗死，其中RDI每增加1个单位，死亡率增加5%。脑梗死致残率很高，严重影响个人生活质量，也给家庭带来沉重负担。

睡眠有几个阶段，分浅睡眠及深睡眠。深睡眠身体得到全面修整，睡眠呼吸暂停低通气综合征由于呼吸暂停病人被迫憋醒，很难进入深睡。虽然你自己感觉不到，但睡眠常年游离于"浅睡——呼吸暂停——微觉醒——浅睡——呼吸暂停"之间，变得支离破碎。睡眠质量很差，呼吸暂停阻断了空气中的氧气来源，人就会出现血氧下降。正常人血氧超过95%，打鼾的人会低于85%，严重的可达50%左右。这么缺氧，怎么可能白天不嗜睡呢？

如果你有打呼噜，不要以为是正常的小事，天天打呼噜，将会影响你的睡眠质量，导致生活质量下降。所以，一定要到医院呼吸科看看是不是有睡眠呼吸暂停低通气综合征。通过监测得到医生的建议和很好的治疗。

冬睡不蒙头，夏睡不露肚

保持正确的睡姿是达到高质量睡眠的前提，俗话说"冬睡不蒙头，夏睡不露肚。"这一俗语即是告诉人们，在睡觉时应当注意的事项。

人为了保持正常的生理状态，每一分每一秒都不能停止呼吸，即使在睡眠过程中也是如此。呼吸时，吸入氧气，保证全身各部分氧的供应，呼出二氧化碳，排出体内的代谢产物。因为人体细胞每时每刻都在进行着新陈代谢，因此每时每刻都需要氧气的供应。如果氧气供应不足，必将严重影响体内细胞的新陈代谢的进行。

在正常情况下，人在呼吸时将氧气吸入肺内，氧气在肺泡中和血液里的二氧化碳因浓度差产生交换，交换出的二氧化碳再通过呼吸排出体外。经过呼吸和气体交换，使静脉血变成了动脉血，重新恢复了新鲜血液含氧量，只有这样周而复始的呼吸，周而复始的气体交换，才能保证不断有新鲜血液形成，供应细胞使用，保证身体的各部分器官和组织都处在良好的状态中。

有人有睡觉用被子蒙头的习惯，蒙着被子睡觉会严重影响呼吸。因为蒙头后使头部空间变小，空气难以流通，呼吸使氧气的量逐渐减少；与此同时，因呼出的二氧化碳难以散出而使头部周围的二氧化碳越来越浓。如此，呼吸的气体便不能使肺与血管充分地进行气体交换，致使身体各部分器官失去良好的调节，新陈代谢速度降低。

有这种习惯的人早晨醒来常常眼皮浮肿、精神不振、没精打采，甚至哈欠连连、浑身发酸。这种症状主要是大脑新陈代谢受到影响的表现。虽然人已起床，但大脑却仍处于半睡眠状态，脑神经的活动不能马上恢复正常。在这种状态下如何能读好书或做好工作呢？也有人这样认为：蒙头睡觉也无所谓，这种做法只不过为了保暖，或是一种习惯罢了，如果改变了它，就会睡不着觉了。

其实，这种做法长期下去，对人体的影响远不止这些。它对人体的生理和心理都会产生较长久的影响，缓慢侵蚀着机体的健康，降低学习和工作的效率，使疲劳难以恢复。

由此可见，蒙头睡觉决非好习惯。有此习惯的人为了自己的身体健康，为了能更好地学习和工作，一定要下决心改掉。其实改掉这种习惯也不难，如果是因为恐惧，首先应该消除心理负担，多参加社会活动和体育锻炼，养成开朗的性格；如果只是为了保暖，或是怕改变习惯后睡不着觉，那也不难办，可在睡前用热水泡脚，或再饮一杯热牛奶，这都有助于入睡。

而天气热时露脐而眠也会造成感冒。肚脐通人体内外，是保健要穴，中医称之为"神厥穴"或"脐中穴"。肚脐是人身上脂肪层最薄的地方，也是人体对外界抵抗力最薄弱的部位。夏季邪湿之气很容易由此侵入体内。夏天睡觉时会感到热，人们为了防暑，喜欢赤着上身睡觉。但温度是逐渐降低的，如果不盖被子，腹部就会着凉受寒，引起胃肠不适，诱发胃肠痉挛、腹泻、腹痛等疾病。因肚脐与人体健康至关重要，故即使是夏天也应该用毛巾等盖住腹部，以确保肚脐不受寒。

睡觉蒙头容易导致呼吸不畅，长此以往，人的疲劳就很难恢复；肚脐对人体健康也有很重要的关系。所以一定要保持正确的习惯。冬天睡觉不蒙头，夏天睡觉不露肚，不要贪图一时的舒服而导致各种疾病。

经常开窗，有益健康

经常开窗通风，可以保持室内的空气流通，让室外清新空气流进屋内，使居室保持清新空气，从而减少室内空气的污染程度，提高室内空气的清洁度。如此，在室内就可以呼吸到高质量的空气，这样对身体会大有裨益。

经测定发现空气污染最严重地方不是工厂、马路而是居室。研究分析，居室空气的主要污染源有人体呼出的二氧化碳、废

老人言

气，以及皮肤毛孔排泄的废水分和废气等污染。

据科学分析，在人体呼出的气体中，可以找到25种有害物质，这些都是疾病的主要来源。而且，平时做饭取暖时，所燃烧的煤与煤气会产生二氧化硫等有害气体；此外，室内的墙壁、砖块、混凝土以及家具上的黏合剂、油漆会散发出大量的甲醛；就连自来水中也会散发出氡和浮尘中微生物。因此，室内的空气非常混浊的，如果长期在这样的环境中，再健康的身体也吃不消。

研究发现，空气中的二氧化碳浓度一旦超过0.5%，就会令人出现头痛、头昏、脑涨、心慌、呼吸急促、脉搏变慢、血压升高的情况，严重者甚至会发生窒息。而且，二氧化碳被吸入后，会立即和血红朊结合，从而妨碍氧气的正常补充，这时人就会感觉到头痛、恶心、呕吐、疲乏无力等缺氧症状。因此，一些经常在室内工作的人，最好无论春夏或秋冬，都注意多打开门窗，让室外清新空气流进屋内。

此外，科学测定煤气中毒是室内空气中一氧化碳含量达到0.01%时所产生的；二氧化硫和放射物质氡能破坏人体细胞、损害器官；而污浊、潮湿的空气却有利病菌生长繁殖，从而增加流感、流脑、百日咳等呼吸道疾病发生机会。由此可见，污染的空气是疾病之源。

既然不清洁的空气是有害健康的,那么为了避免室内空气的污染,最切实可行的办法就是保证室内空气流通,具体可采用以下方法,保持室内空气的流通。

一、早晨通风要点

通常来说,在春、夏、秋三季,早晨时室外的空气清新凉爽,这时可以将所有的窗户都打开,尽量使户外的新鲜空气流进来。等到9点半以后,室外的气温会逐渐升高,这时应将朝南的窗口关闭,拉上窗帘避免阳光的热辐射,而朝北的窗口则不必关闭,可以一直开启到上午的12点。

二、中午通风要点

一般来说,中午的12点至下午5点之间是一天中最炎热的时候,这时应适当地开启空调,不过,在开启前要先通风10分钟;但在开启1~3小时之后,就要关闭空调,再打开窗户,进行室内外的空气流通。而且,在必要时,也可以用换气扇朝外送风,让室内的废气、有害气体排出室外。总之,在中午最热的一段时间之内,至少能通风半小时左右,使空气清洁一些,再关闭门窗,重新启动空调。

三、晚上通风要点

晚上在入睡之前,约10点左右应关闭空调,打开卧室的窗户,以便室内外空气对流。不过,如果天气闷热,则可以用风扇降温，但要注意设定定时关闭电扇。因此，一定要注意，不可持续 8~9 小时开空调而不通风，要知道，贪一时凉快，很容易惹一身空调病。

开窗通风可以使空气清新，但是，在秋季开窗睡觉反而会诱发一些疾病。特别是一些老年人与儿童，秋季夜晚开窗睡觉，易受风邪侵袭。这是因为睡眠中人体各器官活动减弱，免疫力相对降低，窗外的病菌会乘虚而入，这时腹部和脚底就很容易受凉，而引发腹泻或胃部不适等症状。所以，在秋季可以在睡前适时地开窗，但在睡觉时，请务必关好窗户。

中午睡觉好，犹如捡个宝

"中午睡好觉，犹如捡个宝。"这句谚语告诉我们中午睡午觉能让人们养精蓄锐，以最好的状态迎接下午的工作。

有研究资料证明，一些有午睡习惯的国家和地区冠心病的发病率要比不睡午觉的国家低得多。这也间接证明了午睡能使心脏系统舒缓，并使人体紧张度降低。

可是，白天的睡眠已经被繁忙的工作和紧张的情绪所代替，或被酒茶之类具有提神作用的饮料所消除。只是一到这几个时间点，我们会感到有稍许的睡意。这就是人为什么白天也要打几次盹儿的原因所在。

上午9时和下午5时的睡眠点很快就会过去，因为那时候人们忙着工作，很容易转移睡眠注意力。

午睡在昼长夜短的夏天尤其重要。夏天天气炎热，即使到了晚上，气温仍然很高，难以入睡，要等到下半夜气温稍稍降低之后才能睡着。而第二天四五点钟天已大亮，气温又逐渐升高，又睡不着了，从而导致睡眠不足。

在人的第二个睡眠点，即中午1点左右，这时候肝脏需要休息，大脑反应迟钝，人会感到疲劳。这个睡眠点就很难被转移，人们会停下工作，休息一下。这时候，我们不妨小睡一觉。通过研究证明，午睡能使大脑和身体各个系统都得到放松，更有利于下午晚上的工作和学习，而且也是夏秋季节预防暑热的积极措施。

所以许多人一到中午就昏昏沉沉、毫无精神。如果这时候睡上一小时觉，让大脑和身体其他器官都休息一下，补充一下上午消耗的能量，对提高下午工作效率和身体健康都有好处。

同时，一天中温度最高的时候是中午2点左右，这时候工作过于劳累，容易中暑。特别是那些在户外工作的建筑工人农民和田野作业者，应该避开中午这段最热的一小时，稍事休息，这对工作和身体都是有益的。

老人言

经过了一个上午的工作和学习，午饭后小睡一会儿，能够有效地补充人在脑力、体力方面的消耗。尤其是在炎热的夏天，人体在排汗降温过程中，皮肤的毛细血管扩张，体内血液分布不平衡，大量血液滞留在体表，大脑血液相对而言供应不足。

人们在紧张地工作和学习一上午后，会感到疲劳和精神不振，午睡则可对身体进行及时的调整，午睡对睡眠不足者和老人的健康更是大有裨益。65岁以上的老年人，体重超过标准体重20%的，血压很低的人或血液循环系统有严重障碍的人，特别是因脑血管变窄而经常头晕的人，都不宜午睡。因为进餐后，消化道的血液循环旺盛，脑部血流量相对减少，加上睡眠静止不动，会加重脑部供血不足，有发生心脑血管病的危险。

人一到中午就感觉头脑发胀，没有精神。所以午睡就显得尤为重要，无论是体力劳动者还是脑力劳动者，都应在中午睡一觉，让大脑和全身得到休息。补充能量，才能迎接新的工作。

胡须不能拔，越拔越麻达

胡须是男人的专属品，是男性美与男子汉气概的象征。然而，胡子也要修剪，不能任其生长。修剪胡子需要用剃须工具来刮,不能用手或镊子去拔,因为拔去胡子会引起炎症,从而留下各种后遗症。拔一根胡子就会留下一个坑,长此以往,腮帮子就会变成"橘子皮"。严重的还会引起毛囊发炎,甚至使细菌侵入血液,从而给健康的身体带来危害。所谓"胡须不能拔,越拔越麻达"就是这个道理。("麻达"在四川话中是"麻烦"的意思)

胡须也是人体体毛的一种,男性第二性征的重要标志。初时,很少、柔软、颜色比较淡,以后变得稠密、粗硬、色黑,生长的范围也扩大了。它在男性进入青春期后才发生,能体现男性健康的美。因此,如果一个男性不长胡须,就会少了一点儿男子汉的阳刚之美。

可是,面对自己下巴上这片草原,很多男孩子都不喜欢。认为长了黑黑的胡须不好看,会有碍自己面部的美观。于是一看到新冒出的须头,就想把它给除掉。但又怕用剃须刀会使它越长越硬、越长越多。因此,就常常用手或镊子以及铁夹子等,忍着疼痛,一根一根地往下拔。以为拔一根少一根,最后能把它拔光,从而将下巴上的这片"毛草原"给消灭掉。殊不知,这样的做法是徒劳的,也是有害的。

须知,用工具拔胡子只能拔掉胡须的上半部,其根部仍然留在毛囊里,不久还会长出来。

胡须的根部有毛囊包围着，毛囊底部的上皮细胞分裂繁殖，使胡须不断生长。因此，胡须是永远消灭不了的。而且拔去一根胡须，就会形成一个外伤创面。再说，如果手、镊子和夹子不卫生，在使用时容易将细菌带入毛囊内，造成感染，形成毛囊炎。有的毛囊炎愈合后，可使局部的皮肤形成小瘢痕，时间一长，会使下巴上的皮肤形成了"橘子皮"。并且，如果炎症扩散，后果更为严重。经调查，那些患唇毛囊炎、疖肿、蜂窝组织炎的男性，几乎都有拔胡须的不良习惯。这就是由于他们平时经常对胡须的"刺激"，从而导致了再生长出的胡须变形、变色、参差不齐等，很不美观。

因此，家长应该告诉自己家的男孩子，不要随便拔掉自己的胡须，让其自然生长。对于一些长胡须，可用剪刀剪短；对浓密的胡须，可以用刮胡刀刮掉，总之，一定不要"信手拔来"。

其实，胡须所在部位，正是医学上所说的"危险三角区"。这里之所以称为"危险区"，是因为它包括上下唇、鼻子以及鼻翼两侧的主要面部器官。而且，这个区域丰富的静脉血管与眼、颅等部位密切相关，所以危险三角区内一旦发生感染，将会很容易导致炎症在整个面部发生扩散，引起严重的脓化类炎症。并且，一旦炎症蔓延到颅腔内的海绵状静脉窦，则很有可能败血症、脓毒血症以及脑膜炎、脑脓肿等，这些症状是非常危险的，一旦发生，会危及生命安全。因此，胡子是拔不得的。

胡须当然也是需要保养的。保养胡须，首先要做到清洁卫生。因此，不论是青年男性还是中年男性，对自己的胡须每天都应认真清洗，以免有尘埃等脏物污染胡须。不过，在清洗时，最好不使用香皂、肥皂类，而应使用一些日常用的洗发剂，清洗后再用些护发素来保养胡须。

每当要剃刮胡须之前，都应将胡须清洗一下，然后再用湿热毛巾敷3分钟左右，这样就可以令胡须柔软一些，便于剃刮或修剪。为了防止刮伤脸，也可以先用剃须膏深入软化胡须。而理想的剃须时间，应是沐浴后的几分钟，这时不但毛孔还舒张着，而且脸上已不再滴水，最便于修刮。

在剃须时，刀法的首要诀窍是要先顺势后逆向。不过，在开始持刀看镜时，往往会觉得胡须一片大好，无从下手。这时千万不要东一刀，西一刀，毫无章法地乱剃。要记住，正确的手法顺序，是先刮去面颊上的胡须。其次，再刮两鬓和脖子上的毛发。而且使刀时，要稳记一个"慢"字诀，动作一定要缓慢轻柔。先从左至右，再从上到下；先顺着毛孔剃刮，后再逆毛孔剃刮；最后再顺刮一次，就可基本剃净了。

为减少剃须时对皮肤的刺激，造成皮肤浮肿、发红和疼痛等情况，第一轮，一定要顺着胡须的生长方向推刀，这样第一遍下来，大约可以剃掉 80% 的胡须。刮完一遍后，应该再刮一遍。第二轮要逆着胡须生长的方向去刮，但是不要忘了每刮一遍都应该重新涂一次剃须膏。而且，还要格外记住，当刮到喉结部位时，一定要特别小心，仔细而缓慢地进行。

当胡须纷纷坠地，还要做好"善后事宜"。因为在剃刮胡须时，往往会使皮脂膜受损，为了在新皮脂膜再生之前保护好皮肤，一定要在剃须后用热毛巾在下巴上敷几分钟。然后，涂抹一些须后膏、须后水、面后蜜、护肤脂之类的润肤霜，使皮肤少受外界刺激。如果因为下手过重导致脸上出血，应冷静处置。可立即在该部搽涂止血药膏，也可以用卫生棉或纸巾用力按住伤口一会儿，然后再用干净的纸蘸几滴清水轻轻贴在伤口上，再慢慢把棉花或纸巾揭下来就可以了。

此外，胡须每天都在生长，勤于刮脸有利于卫生健康。对此，挑选好用的剃须刀也很重要。首先，剃须刀的刀片要锋利，不易生锈，而且有一定润滑作用；其次，刀架手感要舒适、防滑，手柄长度应该适中，重量合适。并且不要与他人合用一把剃须刀，以防病菌传染。

有人将刮下来的胡须进行检验发现，在显微镜下看到的胡须上有大量的微生物，除此还有数十种有害物质，如二氧化碳、氮氧化物等元素，而且这些有害物质很可能会随着人的呼吸作用被吸回呼吸道。此外，胡须还具有吸附有害物质的特性，如果你行走在车水马龙的街道上，汽车等排放的含多环芳烃和铅的尾气，吸烟者的烟雾中含有的致癌物质，统统都会依附在你的胡须上。因此，没有特殊的原因，最好不要留胡须。

寒从脚起，火自头生

由于脚位在下，属阴，而寒亦为阴邪，因此脚部是寒邪侵犯人体的主要途径之一；头位在上，属阳，而火亦为阳邪，因此头部是火热之邪侵犯人体的主要途径之一；这就是人们常说的"寒从脚下起，火自头上生"。

一年四季中，风、寒、暑、湿、燥和火，属于大自然中的六种不同气候变化，当它们表现太过或不及的时候就会危害人体而发病。中医认为，人体的头、胸、脚这三个部位最容易受凉，尤其是脚部受寒，与某些疾病的发生与不注意保暖有很大关系。这是因为脚位在下属阴，因此脚是寒邪侵犯人体的主要途径之一。

民间有"寒从脚下起"的说法，因为脚离心脏最远，血液供应慢而少，而且，我们脚部的皮下脂肪又较薄，因而保暖性较差。现代医学认为，脚是人体的"第二心脏"，双脚远离心脏，血液供应较少，脚掌上还密布了许多与人体相通的小血管。因此，一旦脚部受凉，会反射性地引起呼吸道、肠胃道以及其他内脏器官的疾病，并且，很容易引起感冒、腹痛、腰腿痛和妇女痛经等病症。因此，脚部的御寒保暖非常重要，尤其是在数九严寒的时节，脚部的保暖尤应加强。

一般来说，人的正常体温通常在36.5℃左右，而脚趾尖的温度却有时只有25℃，可见脚部是多么容易受凉。由于脚与上呼吸道黏膜之间存在着密切的神经联系，脚掌受凉可反射性导致上呼吸道黏膜内的毛细血管收缩，使抵抗力明显削弱。于是，各种病菌、病毒就会乘虚而入，使人发生疾病，为此平时一定要为脚部采取适当的保暖措施。

要使脚不受寒的办法很多，平时应根据情况选用适当的方法。

一、根据年龄和身体状况选用保暖作用好的鞋袜

一般来说，老年人由于气血渐衰，不要穿塑料底鞋，而宜穿布棉鞋。小孩由于皮嫩，保暖力差，因此宜穿那种柔软而暖和的棉鞋；在严寒野外作业的人员，应穿带毛皮的高筒皮靴；青少年好动不怕冷，可以穿皮底鞋与胶底鞋。

对于脚部易干裂的人，应选用透气性差的皮棉鞋和弹力尼龙袜，这样才能保持脚的周围有湿润的环境。而那些脚易出汗的人，则应穿毛袜，用羊毛鞋垫，这样既能达保暖目的，又能吸潮散热。此外，选择大小肥瘦合适的鞋子也很重要。如果鞋子窄小，穿上后不仅有碍血液循环，而且还会使脚周围的空气层缩小，不易保温。

二、坚持睡前用热水洗脚

有人把用热水洗脚视为重要的保健功法之一。的确，睡前用温水泡脚15～20分钟，能促进足部血管扩张、血流加速，同时使脑部血液相对减少，很快就能入睡。因此，民间有"温水泡泡脚，胜吃老母鸡"的说法。临睡之前用温水泡脚不但可以为脚部驱寒，还有助于睡眠与养生。

此外，晚上睡觉时，还要注意把脚盖好。盖好脚部不仅能预防感冒、堵塞寒邪入侵的漏洞，还可以帮助人入睡。

中医认为头为"诸阳之会"、"清阳之府"，而阳有主火热的一面。所以，古代大医家朱丹溪说："头痛甚者火多"。是的，头位在上属阳，而火亦为阳邪，因此人的头部是火热之邪侵犯的主要途径，便产生了"火自头上生"。

我们知道，头部的血管非常丰富，因而温度较高，而且又是中枢神经的"司令部"，因而各种应激力都比较敏感。所以，不管人有何情绪变化，都会引起头面部的充血，从而表现出"面红耳赤"的样子。并且，一些火热之邪致病就多表现于人的头面部。比如，心火上炎会致口舌生疮；胃火炽盛，会致齿龈肿痛；肝火上冲，会致头痛、目赤肿痛；胆火横逆，会致头晕目眩等。

在生活中，人们也常用"火"来形容头面部的异常变化，比如形容着急时，常常会说"两眼冒火星"；形容愤怒时，常会说"七窍生烟"等。因此，我们的头部不像脚部那么怕寒、怕冷，所以也不必像脚部那样捂得太严实，相反，还要适当冻一冻为好。因此，老年人常说的。"头冻冻聪明"是有一定道理的。

所以，即使到了冬天，年轻人只要耳朵不冻，头部就不用多加防护，帽子不戴也可过冬天。如果稍微冷一些就戴上厚厚的帽子，动辄满头汗出，这样反而就容易感冒。因此，头部适当冻一冻，有利于让寒冷刺激大脑的清醒，从而能增强人的智力和记忆力。

有学者指出，人在6～30岁，双脚应能整齐地并拢直立。如果不能并拢时，就是早衰的表现。因此，能长期站立的人身体一般健康，如果连站15分钟就有困难的，就一定是循环系统有毛病。如果脚趾活动量极少，也是引起腰痛、肩肘痛等多种现代"文明病"的原因之一。因此，要想少生病，就必须使脚趾经常处于灵活状态。所以，脚部保健，平时还要加强锻炼，多活动，以保证脚部的血液供应，从而达到健康的目的。

耳不掏不聋，眼不揉不瞎

每当眼里进了东西，我们的习惯性动作就是去揉。其实揉眼睛是不良的习惯，在揉眼时很容易将手上带的细菌或病毒带到眼睛里，从而造成急性结膜炎，形成红眼病。严重的，还有可能会引起角膜溃疡、内翻倒睫以及白内障等，这些症状极有可能造成失明。

为了保护眼睛，一定要随时注意清洁，不要随便揉眼睛。尤其是在夏末秋初时不要揉眼，而且，手脏的时候也千万不要揉眼睛，以避免病菌、虫卵等进入眼睛。经临床手术发现，由于手指不洁，并且用力搓揉眼睛之后，常致使虫卵进入眼内滋生。并且，一些虫卵竟然会靠着眼睛附近肌肉的养分来维持它的生命，有的虫卵竟长达近两厘米，严重影响患者视力，几乎造成眼球失明。

通常，在夏末秋初，人最易患上急性结膜炎，就是俗称的"红眼病"或"火眼"，病人眼睛往往有异物感、灼痛、畏光、流泪等状况。这是由于在初秋时，天气潮湿、闷热，使病原微生物繁殖快，一旦感染这些病菌后，就会是患上"红眼病"或其他眼疾。

最常见的细菌感染性眼病，常发病于夏季或初秋。特点是发病急，出现眼睑肿胀、眼红痛、结膜充血等症状。这是由于红眼病常会滋生出大量的脓性或黏液性分泌物，因此，导致患者每天早上醒来时，就会感到一双眼睛常常被一些浓浓的分泌物黏住。不过，红眼病不治也会自发痊愈。如果你一直不去治疗它，那么，情况严重的最多在 15～30 天之内就会痊愈，而轻者，一般 15 天之内可自行消退。

由于红眼病患者眼睛的分泌物中，有大量的细菌或病毒，所以使这种病带有很强的传染性。旁人一旦接触病人的分泌物，比如患者用过的毛巾、脸盆、洗脸水、手帕，以及手纸等，都有可能感染大量的病菌。如果其他人使用或触摸患者用过的东西再去揉自己的眼睛，就会受其感染，患上此病。因此，平时一定不要揉眼睛，即使有觉得有些不舒服也不要随便去揉，特别是在触摸了患者的日用品后，除了立即清洗消毒外，还要谨记切不可去揉自己的眼。

此外，要有效预防红眼病，平时应尽量不用手揉眼，还要做好卫生清洁，消灭感染途径。

患者要严加消毒隔离，不但要注意患者眼部用药过程，就是患者洗脸等日用品也要煮沸消毒。平时一定要勤洗手、不揉眼、不摸病人接触过的物品,最好也不要去接近患者。如果一旦发现自己有类似的症状,如眼睛发红,有异物感、灼痛、畏光、流泪等,应立即到医院就诊。

忠告一些爱美女士,眼部按摩也不要随便做。因为一些美眼行为会直接影响眼部健康。如化妆、搽眼霜等,一旦受到污染,会让一些超标细菌入侵眼睛,从而引起眼角膜和结膜的炎症或溃疡,甚至演变成角膜穿孔等。所以,一些小小的美眼举措,其实存大很大的危险。比如,当你搽眼霜之后,非常勤奋地做一下眼睛按摩,想使双目更炯炯有神,或者在外出应酬时又是涂眼线、睫毛液,想使眼部更漂亮些。可是这些美眼举措,很可能造成美眼不足,伤害有余。所以,爱美的你,在渴望美丽的同时,一定不要忘了健康。

众所周知,造成耳聋的原因有先天性的,也有后天疾病诱发的,这些往往不能由人的意志左右。但是,在生活中还有一种人为的导致聋耳的方式,就是民谚中讲的"挖耳"。好多人都有"挖耳"的习惯,每每感到耳朵内有了"耳屎",发痒或不舒服时,就会用指甲或发卡、火柴棒、钉子、树皮等一些物品去挖耳朵,想方设法把耳内的异物弄出来。殊不知,这样不但不符合卫生要求,而且还会严重地破坏耳朵的健康,使耳膜受伤,造成脓化或溃疡,甚至形成耳鸣或耳聋。

其实,"耳屎"是人耳内的一种像蜡一样的油脂分泌物,它和皮屑、灰尘混合后,在医学上则称为"耵聍",这种物质有的遇空气干燥后呈薄片状,有的如黏稠的油脂。实际上,它对人体并无妨碍,平时它"藏"在外耳道内,还可以保护外耳道皮肤和黏附外来物质,比如灰尘、小飞虫等,因此它像"哨兵"一样守卫着外耳道的大门口。

因此,平时就是不把"耳屎"掏出来,也不会给人体造成不好的影响。因为我们的机体天生就有自我清除能力,比如,在我们唱歌、说话、吃饭、打呵欠时,就会使我们的下颌肌和耳部肌肉的不断运动,这就可以使耳屎不断活动,最后自行沿着外耳道滑出耳外。所以,大可不必担心,耳屎堆积造成耳道阻塞。

如果常用一些不洁之物挖耳,还往往会把致病细菌带入耳内,造成耳内发炎、化脓。再说,外耳道皮肤比较娇嫩、皮下组织少、血液循环差,掏耳朵时如果用力不当,极有可能引起外耳道损伤、感染,导致外耳道疖肿、发炎、溃烂。并且,外耳道本身就是真菌栖息的场所,而这些真菌很容易随着乱挖耳的行为侵入中耳内,造成耳内疾患。而这种由病毒引起的疾病,会慢慢地在耳道内生长,直到影响了听力才引起注意。此外,挖耳道时,还极易戳破鼓膜,引起中耳炎,造成听力减退,给人带来更大的痛苦。并且，如果掏耳的东西未经消毒，还可能会导致耳朵里的乳头状瘤发生恶变，最终堵塞耳道，导致听力下降，造成耳聋。

所以，耳朵是不可以随便"掏"的，掏取里面的异物一定要慎重。如果为了减轻耳朵的痒感，提高听力，也可以采用正确的方式，清除一下过多的耳屎。一般，可以采用脱脂棉签，轻轻地在外耳道不深的地方捻卷几下，以使其吸干耳道的湿物，卷出里面耳屎。如果用此法还达不到目的时，也可以用消过毒的耳勺，轻轻地将耳屎取出来，不过，过程一定要慎重，最好能请医生帮助处理。

鼻不掏不破，牙不剔不稀

洗脸刷牙是大家惯有的清洁习惯，但保养鼻子、清洗鼻孔的习惯可能好多人都没有。其实，鼻子的保养与清洁也很重要的。可是，好多人不但没有清洗过鼻孔，却还有用手指掏鼻孔的习惯。殊不知，这个习惯对鼻子的伤害非常大，因为在我们的鼻孔里面，有一层保护黏膜非常娇嫩，一旦你手上的细菌接触到它，就很容易引起感染。因此，用手掏鼻孔的习惯应该杜绝。

此外，许多人有饭后剔牙的习惯，可这也是个不良习惯，因为经常用东西乱剔牙齿，会使牙缝越剔越大，还会损伤牙龈，如果不慎将牙龈弄出血，就会影响牙齿的健康。所以，剔牙的习惯也不可取。

我们的鼻子是具有多功能的调节器，在中医里，"鼻为肺之窍"，它是人体呼吸道的入口，具有通气、过滤、清洁、加温、加湿、共鸣、反射、嗅觉等功能。在鼻子的前庭，长有鼻毛，它们像一排密密麻麻的卫兵，可以过滤呼吸时吸入气流中的一些颗粒状物，并将灰尘等其他异物阻挡在鼻腔，而鼻毛吸附的一些粉尘和油烟等颗粒，常在这里堆积成稠团，这就是俗称的"鼻屎"。因此，鼻毛具体保养鼻腔、净化呼吸的作用，所以平时不要轻易剪拔鼻毛。

其实，生活中，有很多人往往对鼻子的保养并不在意，有些人一感觉鼻子里有不适感，就用手去掏鼻孔，也有的人因有掏鼻的习惯而故意留了长指甲，殊不知，这是最容易伤害鼻子的习惯。要知道，如果鼻前庭不够清洁，就会不同程度的影响鼻子的功能，而掏鼻孔却极易引起此处的皮肤损伤或炎症，从而导致鼻前庭炎或鼻疖症。因此，平时保养我们的鼻子，对维持身体健康很最要。

我们的鼻子不但对吸入的空气起净化、调温、湿润的作用，而且与我们的肺部有紧密的联系。一旦人体的抵抗力下降，或受了伤寒与风邪，那么，聚集在鼻腔的致病菌就兴风作浪，引起鼻黏膜病变。这时，鼻腔里的病菌，就会通过呼吸侵入喉、气管、肺，从而导致喉炎、气管炎、肺炎发生。因此，为了健康，平时一定要保护好鼻子，要懂得鼻的保健知识和方法，尤其是在呼吸道疾病最易爆发的冬、春两季。

在鼻腔的表面，有丰富的汗腺和皮脂腺，它是人呼吸空气的净化器。就我们正常人来说，每天要呼吸约15000升空气，而空气中大量的污浊物和细菌，就会停留在鼻前庭，但是，时间一长，这些没有滞留物就会堵塞鼻腔黏膜的自洁功能，造成大量细菌堆积，从而对人体产生极大的危害。

那么，我们怎样才能保持鼻腔的清洁呢？用冷水洗鼻就是最好的办法，当你用冷水清洗鼻孔时，不但可以洗去鼻孔内所存的污垢，还能呼吸通畅、神志清醒，而且还可以预防伤风感冒。因为，用冷水洗鼻时，鼻腔内的黏膜和肌肉都要经历一次收缩——扩张——再收缩的过程，这样就无形中增强了鼻孔及整个上呼吸道，对外界寒冷空气的适应能力，从而构筑起一道抵御冷空气侵袭的屏障，以利于预防伤风。再说，我们的鼻子又与七窍相通，因此，当冷水洗鼻子时，又可以达到明目、聪耳、醒脑、增强肌体免疫力的功效，真可谓健身养生的好方法。

那么，具体应该怎么清洗鼻子呢？最好选择在早晨的时候，

老人言

先用手捧一捧水,将鼻孔浸泡在里面数秒钟,并缓缓地用鼻子稍微吸入一些,之后等到润湿了鼻子内的污物,再擤出来;然后,再次吸入一些水,这时要用拇指按住鼻孔的一侧,而且适当用力擤出另一侧鼻孔内的水和余污,接下来再按另一侧,重复之前的动作。如此重复清洗两到三次就可以了,每天早晚坚持洗一次,会有很好的效果。

勤洗鼻子还可以预防鼻炎。因为洗鼻时,可以保持鼻腔清洁,使鼻腔不受大量细菌的侵袭,预防呼吸道疾病,特别是鼻炎的发生。其实,鼻腔的脏和干,是诱发鼻炎的直接原因。那么,如果能坚持早晚洗鼻,则可以将鼻腔内已聚集的致病及污垢及时地排出,以减少空气中的粉尘的袭击,减轻鼻腔负担,从而使鼻腔恢复正常的生理环境,使鼻腔恢复自我排毒功能。

此外,保护鼻子,使鼻子清洁卫生,您还可以采用以下方法:

一、清晨洗脸时,可以用毛巾先揉一揉鼻唇与鼻翼的两侧,直至鼻子的皮肤有红润、发热感,也可以用拇指、食指夹住鼻根,由上而下,稍微用力地连拉几下,均能起到保健的作用。

二、平时擤鼻涕,不要用力太猛,要逐个鼻孔擤,以免将鼻内分泌物压入鼻窦、鼻咽管,导致鼻窦炎、中耳腔感染。如果用力过大,往往会因气流压力大而损伤鼻黏膜,使毛细血管断裂,致鼻子出血,因此,平时触摸鼻子都要小心。

三、到了冬天,鼻子更需要加强保护,因为这时外界空气异常干燥,所以平时要多喝水、勤漱口,以提高鼻咽腔、鼻腔的相对湿度。也可用杯子盛一些热水,将水蒸气吸入鼻腔内,以改善鼻腔湿度和血运。最好平时能多吃些梨、橘子等水果。

四、为了使鼻毛能更好地发挥其过滤空气的作用,而不至于贴在鼻腔的黏膜上。平时,可以在每天洗脸后进行,把毛巾洗净后在温水中浸一下,稍拧至不滴水之后,再填往鼻腔的前庭轻轻旋转几下,就可以使鼻腔洁净,通气性能更好。

五、按摩也是养护鼻子的一个不错方法:可以先将两手搓热,用手的中指,沿着鼻子的两侧,从下而上开始按摩,之后再带动其他手指;摩擦到额部时,要向两侧分开,再经两侧而下,反复多次。此外,也可以用手指轻轻地按摩面部的迎香穴与印堂穴多次。迎香穴,在鼻翼两侧,鼻唇沟内;印堂穴,在两眉头连线的中点处。

用手指掏鼻孔,实为一种自毁"门户"的陋习。因为,在平时用手掏鼻孔时,很容易会将鼻毛连根拔掉,这样不但破坏了这道天然的屏障,还会损伤鼻腔内的黏膜,引起毛囊炎或长疖子,而且我们常见的萎缩性鼻炎,也与此有关。所以,这个习惯是要不得的,尤其儿童,一定早一些进行宣传教育。

生活中,很多人都有剔牙的习惯,但剔牙也是一个不良的习惯。因为经常剔牙,不但会损伤牙齿和牙床,造成牙龈萎缩、牙根暴露,而且还会使牙齿间出现牙缝。如果是原来已有牙缝,那么,剔牙就会使牙缝加宽,这样一来,食物残渣就更容易嵌进牙缝里。而且,最终会使牙根失去保护,引起牙齿松动或脱落。

通常,在我们的牙齿表面,包着一层牙釉,它对牙本质起着保护的作用。但是牙根处的牙釉质很薄,如果经常剔牙,就会使牙釉磨损。牙齿一旦失去了这层保护层,就会对冷、热、酸、甜敏感,引起牙痛。再说,牙齿的形状都是头大根小,一旦牙龈下缩,那么,牙根之间的缝隙就变得更大,食物残渣就越容易进去,于是还得剔,这样形成恶性循环,就会毁坏了牙齿。

尤其是用牙签剔牙,给牙齿造成的伤害会更大。要知道,现在市场上销售的牙签,在包装和消毒方面,很难达到标准的卫生要求。因此,在你用带着各种细菌的牙签开始剔牙时,往往会将一些细菌、病毒引入体内,这样不但易引起牙龈发炎,伤害牙齿,还引起其他疾病。还有,平时不要模仿明星叼含牙签,要知道,牙签头部会较尖,不慎进入食道,有生命危险。

如果没有经常塞牙的现象,平时就不要轻易地去剔牙,更不要形成每天无故剔牙的习惯。最好是,饭后立即漱口,如果实在漱不出来，也可以用牙刷轻轻地刷出来，或者用手帕、毛巾等干净的物品，按在食物所塞的部位，轻轻地将它揩出来即可。

此外，也可以使用牙线，牙线能起到清洁牙面、剔出嵌塞食物的作用，而且对牙齿的损伤也较小。

热水泡泡脚，胜过吃补药

古谚有云："热水泡泡脚，胜过吃补药。"足部洗浴保健法，是我国传统医学宝库中一种优秀的理疗保健方法。中医保健理论曾这样说四季沐足："春天洗脚，开阳固脱；夏天洗脚，暑湿可祛；秋天洗脚，肺润肠濡；冬天洗脚，丹田温灼。"说明早在几千年前，人们就很重视对脚的锻炼和保养，并运用泡脚与足部按摩来防病和治病。

中医记载："人之有脚，犹似树之有根，树枯根先竭，人老脚先衰。"因此，民间有"养树需护根，养人需护脚"的谚语。因此，睡前用热水泡脚，成了人们养生保健的一大疗法。中医认为，足部是足三阴经、足三阳经的起止点，与全身所有脏腑经络均有密切关系。用热水泡脚，可以起到调整脏腑功能、增强体质的作用。如果能常用热水泡脚，不但可以促进脚部血液循环，降低局部肌张力，而且对消除疲劳、改善睡眠等都有很

老人言

大裨益。

脚部又被现代医学称为人的"第二心脏"。科学研究表明，人的双脚上存在着与各脏腑器官相对应的反射区（穴位），刺激这些反射区，可以促进人体血液循环，调理内分泌系统，增强人体器官机能，取得防病治病的自我保健效果。如果每天能泡脚15分钟左右，就能发挥很好的保健作用。

足部热水洗浴的理疗应用范围很广，一些常见病症均可以缓解或解除，像风湿病、脾胃病、失眠、头痛、感冒等全身性疾病；另外，像截瘫、脑外伤、中风、腰椎间盘突出症、肾病、糖尿病等大病以及重病后的康复及治疗都可以。

经常坚持热水泡脚足疗，对于缓解现代城市人群易发的各种职业病，往往有事半功倍之效。比如，精神不振、睡眠不好、头痛头晕、疲乏无力、饮食不佳等一系列不适症状。

把双脚浸入到40℃左右的热水中，约15分钟之后，或直至发热，会感到神清气爽、全身轻松，一些头痛等症状便会明显缓解。

这是因为双脚血管扩张，血液从头部流向脚部，可相对减少脑充血，从而缓解头痛。如果在泡脚同时，再不断用手按摩涌泉穴及按压大脚趾后方偏外侧足背的太冲穴，还有助于降低血压；如果是感冒发热病引起的头痛，用热水泡脚还有助于退热。

热水泡脚就是足浴，属于中医足疗法内容之一，也是一种常用的外治法。泡脚不同于一般的洗脚，必须将脚泡到一定的程度，达到一定的刺激量，才能发挥作用。因此，泡脚保健方法一定要得当。

有些人习惯在泡脚时，往往把脚泡得通红，还以为水温越高，效果越好。殊不知，泡脚水不能太热，太高往往会引起其他方面的不适。常见有以下四个原因：

其一，水温太高，容易破坏足部皮肤表面的皮脂膜，使角质层干燥甚至皲裂。

其二，正在发育期的小孩，如果常用过热的水泡脚，便会使足底韧带因受热而变形、松弛，不利于足弓发育，日久容易诱发扁平足。

其三，水温太高，对患有心脑血管疾病的朋友来说更为不利。这是因为太热的水会使双脚的血管过度扩张，那么，人体内的血液便会过多地流向下肢，从而极易引起心、脑、肾脏等重要器官供血不足。

其四，糖尿病患者，对水温的高低也应特别留意。由于病症的原因很容易并发周围神经病变，从而使末梢神经不能正常感知外界温度，即使水温很高，也往往感知不到，那么就很容易被烫伤。

泡脚时，最适宜的水温应为40℃左右。开始泡时，应先倒入少量热水，让水没过足背，但水温以能忍受为度。然后，随着水温降低，逐渐添加热水，保持水温，直至双脚变红，全身有热感，有微汗出方可。

泡脚时间不宜过长，一般人应以15～30分钟为宜。泡脚时，由于更多的血液会涌向下肢，因此那些体质虚弱者便容易因脑部供血不足而感到头晕；并且，在泡脚过程中，由于人体血液循环加快，心率也比平时快，如果时间太长的话，就容易增加心脏负担。所以，泡脚时还要控制好时间。

由于我们的双脚是人体中离心脏最远的部位，因而每到冬天，在寒冷空气的刺激下，脚部血管收缩，血液运行发生障碍，便易诱发多种疾病。而热水泡脚，则可以改善局部血液循环，驱除寒冷，从而起到养生保健的作用。

所以，在寒冷的天气里很多老人都喜欢用热水泡泡脚，这样既能解乏又利于睡眠。不过你知道吗？如果泡脚前在水中加点中药，便可以调整脏腑功能，起到防病治病的作用。

这是因为，我们的脚部是人体经脉会聚处之一。脚部的经络穴位多达六十多个，人体12条正经中有足三阳经终止于足，足三阴经起始于足。通过中药浸泡，刺激这些穴位，就可以调节经络、疏通气血。并且，皮肤本身也能够吸收药物，再借助热水，则更利于药效在人体内发挥作用。

一般来说，有慢性病的老年人更适合于采用中药足浴。像更年期综合征、风湿性关节炎、慢性肠炎、神经官能症、冻疮以及高血压的头痛眩晕、慢性支气管炎、卒中后遗症等，多种疾病症状都可以通过中药泡脚浴的方式得到良好缓解。

这里我们介绍几种老年常见病症所采用的中药足浴疗法：

一、高血压老年患者常常会出现头痛眩晕感的症状，可采用热水足浴疗法，泡脚前可在热水里加入适量的夏枯草、桑叶、菊花、钩藤等。

二、经常神疲乏力、没精打采的老年人在足浴时，可加入适量的党参、黄芪、白术、甘草等。

三、经常头昏眼花、心悸失眠的老年，足浴时可加入适量的当归、白芍、丹参、酸枣仁等。

四、经常腰腿冷痛的老年人，可以加入适量的威灵仙、当归、桂枝、川芎等。

五、对于四肢不温、畏寒怕冷，小便清长和腹泻者，泡脚时可加适量的附子、桂枝、吴茱萸、五味子等。

六、一些眼目干涩、腰膝酸软、大便秘结者的老人，泡脚时可加一些女贞子、墨旱莲、枸杞子、火麻仁等。

七、对于爱患冻疮的人，可加一些当归、桂枝、生姜、麻黄等；而皲裂者，则可加白芨、甘草、地骨皮、刘寄奴等。

用中药泡脚，药物需在煎好后加入热水中，为防烫伤皮肤，温度应以40℃左右为宜，时间以半小时为宜。一些心脑血管疾病患者和老年人应格外注意，如果有胸闷、头晕的感觉，应暂时停止泡脚，并马上躺在床上休息片刻。

泡脚时，不要用铜盆等金属盆，因为此类盆中的化学成分不稳定，容易与中药中的鞣酸发生反应，生成鞣酸铁等有害物质，从而使药物的疗效大大降低。因此，中药泡脚最好用木盆或搪瓷盆。此外，饭后不宜马上足浴，以免影响消化。

要想防病，春捂秋冻

对于春、秋二季的衣服增减，自古有一句民间谚语："春捂秋冻。"此谚语对老年人来说尤为重要，也极为实用。

春捂，是说春天到来，仍要穿得厚一点，再捂一段时间。这是因为，寒冬刚过，春天初到，这时的气温还很不稳定，冷暖不一，不仅日夜温差可达10℃以上，甚至早、中、晚的温度变化也很大。日出则渐暖，日中正午就觉热，日落降温又感寒气袭人，真是"春天孩儿脸，一天变三变"。老年人对温度适用能力差，如果春天一到就急急忙忙脱掉棉衣，一旦遇到刮风下雨，身体突然受凉，就很容易伤风感冒。正如唐代名医孙思邈所说："（春月）天气寒暄不一，春风多厉，不可顿去棉衣，恐风冷外袭易于感冒。"

春捂一段时间，确有必要，但又不可捂得过厚，也不宜捂得过久。有的人直到春末还穿着厚厚的衣服，以致闷热汗出，反而容易生病。正确的做法是，随着气温的逐渐增高，衣服也随之逐渐减少，不要骤减以免受凉。《寿亲养老新书》说得明白："春季天气渐暖，衣服宜渐减，不可顿减，使人受寒。"

人体下部的血液循环要比上部差，容易遭到风寒侵袭，因而不能把衣裤鞋袜穿得过于单薄，尤其是老人，春天到来时不要把下身衣服减得太多。寒风刺骨入下身，时间久了就有生病的隐患。

春捂重下身，还要加强下身的锻炼，以促进血液循环，可以采取腿足保养等方法来活动下身。

秋冻，是说秋天到来，不要急于加衣，可以再冻一段时间。这是因为，初秋天气，余热仍在，即使到了中秋，天气渐凉，晚一点添加衣服，也可以锻炼耐寒的能力。等到深秋来临，气温明显下降，再穿较厚的秋装。《诗经》有"九月授衣"的句子，就是说农历深秋九月，天气转寒，应当添加秋衣了。

秋天晚一点添加衣服，对培养耐寒能力确有好处，但秋冻也要适度。秋季毕竟与夏季不同,"立秋早晚凉",而且入秋之后,每下一次雨,气温也随之下降一次,衣服也应随着气温的变化逐渐添加。对老弱及病人,尤其不可拘于秋冻之说,以免受凉生病。

人的体温应保持在37℃左右,而要保持体温稳定,只靠身体自己调节还不够,还要靠增减衣服来帮忙。所以,应当正确掌握"春捂秋冻"。切不可过捂,更不可过冻,而应根据气候的冷暖变化,随时增减衣服,老人尤其不可忽视。

春捂秋冻,不生杂病。立秋之后,要正确领悟和操作"薄衣御寒",不要气温稍有下降就立马添衣加裤,把自己裹得严严实实;而应该尽可能地晚一点增衣,能穿短袖衬衫,尽量不要穿长袖;能穿单衣,尽量不加外套。民谚"二八月,乱穿衣",说的是穿衣感受,真要从保健意义上说,应该是"二月宜多穿衣,八月宜少穿衣"。当然,凡事都应该有个限度,"薄衣御寒"也不能过头。到了深秋时节,气温很低,仍然穿得很单薄,就没道理了。这时可以按照冬季的一些养生法则进行衣食起居(深秋和初冬本没什么明确界线),一味秋冻反而会致病。而对年老体弱者,或是一些慢性病患者,"薄衣御寒"更应该慎重一点。

疾从食来,病从口入

所谓疾从食来,病从口入,就是说如果不管好自己的嘴巴,做不到合理膳食,很多疾病就会一个接一个来找你。一面是细菌、寄生虫、病毒等传染源容易吃到肚子里去;另一面是快餐中的农产品、蔬菜、肉类含有激素、农药及其他致病菌,人们在无意识中也会吃进身体里,从而引发肥胖、心脑血管病等多种疾病。

现在很多年轻人为了追求潮流,吃法是越来越多。从追求烧、烤、涮发展到生吃。科学研究发现,生吃菱角、茭白、荸荠,可能感染姜片虫;吃醉蟹,易罹患肺吸虫病;生吃淡水鱼、生鱼片、鱼生粥,易患肝吸虫病;热衷吃带着血丝的猪肉和牛肉,易引发猪带绦虫、牛带绦虫病等。

现代人生活节奏紧张,饮食丰富多彩,鸡鸭鱼肉、山珍海味,高脂肪、高蛋白质、高糖饮食会降低人体免疫功能。又因为工作繁忙普遍缺乏运动,热量摄入过多,从而引起肥胖;而肥胖的人,其血中胆固醇及三酰甘油容易升高,血液中的脂肪浓度越来越高,加速动脉硬化,可能导致心绞痛、心肌梗死、主动脉瘤和尿毒症等疾病。

俗话说"病从口入"。如今越来越多的人偏爱生鲜食品,因此吃出来的病也越来越多。

食源性寄生虫病一般可分为六大类：植物源性寄生虫病，如姜片吸虫病；肉源性寄生虫病，如旋毛虫病、猪带绦虫病、牛带绦虫病、弓形虫病；螺源性寄生虫病，如广州管圆线虫病；淡水甲壳动物源性寄生虫病，如肺吸虫病；鱼源性寄生虫病，如肝吸虫病等三十余种食源性寄生虫病。

寄生虫病的感染途径多种多样，人们在吃生鸡生鸭或未熟透的禽类时，许多病源尚未杀死。只有食物通过高温烹饪熟了，寄生虫被彻底杀灭，才能保证我们饮食的安全性。

不吃早餐或早餐质量很差的人，容易感到体力不支、头晕乏力、注意力不集中、工作效率下降等。另外，长期不吃早餐或早餐不讲究者，胃炎、胃溃疡、胆结石、胃癌的发病率较高。

午餐吃了富含糖和淀粉米饭、面条、面包和甜点心等食物，会使人感觉疲倦。同时也不能暴饮暴食，这样下去同样会引起胃炎、胃溃疡、胆结石、胃癌等疾病。

晚餐吃得过多的人，身体必须要有较多的精力用于食物的消化吸收和处理。另外，人在夜间不活动，吃多了易营养过剩导致肥胖，还可使脂肪沉积到动脉血管壁上，导致心脑血管疾病。

培养良好的饮食习惯和合理的膳食搭配，是预防疾病保持自己身体健康的根本。不要吃未熟透的猪、牛、羊、鸡、鸭、兔等肉类食品，和未煮熟的淡水鱼、虾、螺、蟹、蛙、蛇等食物。只有把住"病从口入"关，高度重视食源性寄生虫病，才能杜绝肝吸虫、肺吸虫、旋毛虫、带绦虫、囊虫、弓形虫等寄生虫病的侵袭。

一日三餐最好用素食慢慢调节，早餐最好吃蔬菜，如生菜、胡萝卜、芹菜。这些摄取叶绿素、胡萝卜素、维生素、纤维素多的蔬菜能和大量的肉、鱼、蛋类取得营养的均衡，调理肠胃。午餐要注意食物的多样性，注意荤素搭配。晚餐一般吃八成饱，这样有利于消化和吸收。应多注意摄取膳食纤维，少吃脂类，有利于消化和排便。"早餐吃好，午餐吃饱，晚餐尽量要吃少"牢记在心，健康加一分。

此外，养成合理膳食习惯，水果也是保持身体健康的必需品。一天之中，最科学的吃水果时间应该是进餐前1小时左右，这样可防止因为进餐过多而导致的肥胖（比较瘦者除外）。水果含有丰富的果糖和葡萄糖，能够快速被机体吸收，降低食欲。美国的研究发现，饭前1~2小时吃水果或饮果汁，能在一定程度上满足体内热量的需求，从而减少对食物的需求量。

为了保护你健康的身体，要养成合理的饮食习惯，少吃油炸生煎等食物，远离不熟或半熟的食物。进餐前后请洗手，一日三餐营养搭配好。总之，只有健康地吃进去，才能健康地生活。

食药同源，凡膳皆药

古人有云，"食药同源，凡膳皆药"。"食疗"在《本草纲目》、《食疗本草》中均有记载，如栗子能"治肾虚、腰脚无力，能通肾益气，厚胃肠"，糙米有"止痢，补中益气，坚筋骨，和血脉"。民间常说："冬吃萝卜夏吃姜，不劳医生开药方"，"夏天常吃瓜，中药不用抓"，"一日吃数枣，终生不显老"等。

将食物当作药材来用，这与中华民族历来重视对各种食物功能的观察和研究分不开。特别是对各种食物"食疗"作用和营养学功能有很多的研究和发现，如孙思邈《备急千金要方·食治篇》指出："食谷者，则有智而劳神；食草者，则愚痴而多力；食肉者，则勇猛而多嗔。"这生动地描述了食物结构的不同对人类体质的潜在影响。

中医"食药同源"的理念，在大豆上体现得最为集中。"五保宜为养，失豆则不良""可一日无肉，不可一日无豆"这些话都明确地指出了豆类食品在平衡膳食中的重要性绝不亚于肉类。中医认为：大豆（黄豆）性味甘平，不凉不燥，具有益气养血，清热解毒，宽中下气，健脾利水消积，通便定痛等功效，是治疗虚劳内伤，消渴水肿，温热伤寒等疾病的佳药。美国食品和药品管理局（FDA）近年将大豆列为"已确立的功能性食品"，可见大豆的保健养生功能不仅有历史依据，也得到西方学术界的公认。这一事实雄辩地说明中华民族"寓医于食"传统营养学理论的科学性。

食药同源，就是说食物也可以像药一样，治愈疾病。孙思邈说："凡欲治病，先以食疗，食疗不愈，后乃药尔。"虽然在现代医药如此发达的时代，很多疾病都有针对性的特效药可以治疗。但是，我们都知道是药三分毒，在治疗疾病的过程中，也会对我们的身体有所损害。比如，部分降血糖、降血脂药容易造成严重肝肾疾病。所以，通过食物来达到治疗的目的，对于大众来说更加安全和方便。

有"食疗"功能的食物材料可分为食药兼用的食品，如甲鱼、乌鸡、鱼翅、木耳、燕窝、海参、猴头蘑、姜、枣、蒜、枸杞、梨、蜂蜜等；以及中草药，如人参、党参、茯苓、甘草、熟地黄、白芍、当归、川芎等，它们可与香辛料一起作为炖鸡、煮肉、火锅等调治虚弱的食品烹制时的佐料强壮身体。也可以针对某些征候，如：风寒感冒喝"红糖姜汤"，体弱补以"当归乌鸡汤"，止咳润喉用"蜂蜜贝母花梨汤"等等。膳食养生保健是中国传统膳食文化的重要组成部分："药食同源"、"药膳同功"成为传统膳食的哲学思想，中华民族的祖先为了生存，尝百草、吃野果，从生活实践中体验、发展和创造了"寓医于食"的营养学理论。明代医学家李时珍曾写道："轩辕氏出，教以烹饪，制为方剂，而后民始得养生之道。"说明至少在六千年前，从"神农尝百草"开始，中国人民就在努力探索食物与养生保健的关系。中医强调以食物预防疾病，在世界医药学领域，以历史悠久、内涵丰富、实用可行而倍受青睐。自古以来"食用、食养（食补）、食疗（食治）、食忌（食禁）"就成为中医膳食调理的理论基础，而"药食同源，寓医于食"作为中国传统营养学遵循的重要原则得到广泛的应用。

吃了端午粽，寒衣才可送

所谓"未吃端午粽，寒衣不可送。"意思是说，在农历五月初五端午前后，天气还会变冷，这时不要觉得天气一暖和就将御寒的衣服收藏起来，还需要注意保暖，不能大意。

民间谚语说"未吃端午粽，寒衣不可送。吃了端午粽，还要冻三冻。"一般来说，端午节前后在长江中下游地区即将进入梅雨季节，这时南方的暖性海洋气团已经开始向这一带移动，按一般的气候规律来说，天气应该热起来了。不过，这时的天气虽然已经变明暖，但是在短时期内还仍有冷空气南下，气温会明显下降。所以，人们在端午节吃粽子时不要忘了保暖，不能一下子穿得太单薄。

通常，在端午前后，冷暖空气会在江淮流域汇合，形成梅雨。而在梅雨期间，经常有低气压形成并且逐渐东移。因此，当低气压稍有些发展时，其后部的冷气流就会侵袭这些地区。那么，这时的天气也会暂时变冷。但是，不久后又将转成闷热潮湿的天气。所以，这个时候还应多注意天气的变化谨防感冒。

一般来说，在梅雨结束后，才算是真正进入盛夏季节。所以民间有"吃了端午粽，还要冻三冻"的说法。意思就是指盛夏尚未来临之前一段时间里，还会受到冷空气影响，在穿衣上还不可以陡减，应适当保暖。

端午节是我国的传统节日，每年农历的五月初五就是端午节。虽然它不在二十四节气之中，但与二十四节气的芒种相邻。这时候是小麦成熟收割的时节，天气已经比较热了，因此民间才有"吃了端午粽，寒衣才可送。"的说法。看来古人对气候的判断和把握并非没有科学依据。

"未吃端午粽，寒衣不可送；吃了端午粽，还要冻三冻。"是对于长江中下游地区的人们而言的，对华南地区的人们来说，此时已经进入初夏或盛夏了，这句谚语当然也不适用了，这时就需要准备好如何乘凉避夏了。

老人言

一场秋雨一场寒，十场秋雨穿上棉

秋季是由夏到冬的过渡季节，进入秋季后各种天气变化就非常明显。大家都会有这样的经验，在秋天里每下一场雨，都会给人添几份凉意，这时随着一场又一场的秋雨，气温会越来越低，人们需逐渐添加衣物，这就是谚语说的"一场秋雨一场寒，十场秋雨穿上棉"。

进入秋季后，各种天气变化非常明显。这时，太阳直射光线逐渐向南移动，因此照射在北半球的光和热一天天减少，这样一来就有利于北方冷空气积累增强。但与此同时，南方地区上空却是正在逐渐衰退中的暖湿空气，于是这时的冷空气南下后就与之交汇形成了雨。于是，便开始了一场又场的绵绵的秋雨。

人们根据多年的经验发现，每一次冷空气南下，都会带来一场秋雨、一阵秋风，同时也就会造成一次降温，气温也变得一次比一次低。如此，几次冷空气南下后，夏天便一去不返，人们也就需要加衣御寒了。这时人们也该做一些相应的日常保健，以达到养生的目的。

一、防止腹部受凉

秋凉之后，昼夜温差变化大，这时应该注意保暖。特别是患有慢性胃炎的人，要特别注意胃部的保暖，适时增加衣服。

尤其是在夜间睡觉时，一定要盖好被褥，以防止腹部着凉，而引发胃痛。

二、早睡早起

深秋之后，天气越来越凉，人们的生活要规律，需要早睡早起。因为早睡以利养阴，早起以利舒肺，呼吸新鲜空气，使机体津液充足，精力充沛。

三、讲究心理卫生

秋季是胃病、十二指肠溃疡等症加重的时节，但其发生与发展，与人的情绪、心态密切相关。因此，保持精神愉快和情绪稳定很重要。所以，在秋季还要避免焦虑、恐惧、紧张、忧伤等不良情绪的刺激。

四、注意皮肤保养

在秋季，人的皮肤水分蒸发很快，外露部分的皮肤因缺水会变得粗糙，弹性变小，严重时还会产生皲裂。这时一定要注意皮肤的日常护理，多吃泥鳅、白鸭肉、花生、红枣、葡萄、芝麻、核桃、蜂蜜、梨等食物，能较好地滋润肌肤。

所谓"十场秋雨穿上棉"，并不是说下了十场秋雨之后人们就一定要穿棉衣了。这种说法只是形容多场秋雨后，天气已经比较寒冷，秋天即将走到尽头，冬天也就要来临了，人们就需要穿上棉衣防寒了。因此，究竟何时穿棉衣，不能一概而论，还要看各地具体的天气情况与自身的素质条件,做好充分准备,适时保暖,以防受寒。

秋天一定要注意饮食调养。在饮食上,应有所忌嘴。不可以再像之前那样吃过冷、过烫、过硬、过辣的食物,更要戒烟禁酒。平时,应以温、软、淡、素、鲜为宜,做到少吃多餐、定时定量,使胃中经常有食物中和胃酸。特别是胃部不舒服者,一定要防止侵蚀胃黏膜和溃疡面而加重病情。

第二章

居家过日子：当用时万金不惜，不当用时一文不费

——管理自己，将亲人带往幸福的明天

人生最大的财富是健康

健康是人生最大的财富，有了健康就有了希望，有了希望就有了一切。

世界上首屈一指的自由是什么？健康。世界上最好的天赋是什么？健康。世界上最美的东西是什么？健康。因为如果没有健康，你就不会有追求自由的权力；没有健康，智慧就不能表现出来，力量不能施展，财富变成土石，容颜渐渐枯萎。

有些人有奇异的天赋，但最终只取得微小的成功，就因为他们在无意中损伤了自己的成功机器——健康，就因为他们不能供给自己必要的动力来启动那机器。世间有千千万万的人，就因为

对于身体不加注意与留心，以致壮志未酬，饮恨离世，他们毁掉了自己有所作为的可能性。他们的生活变得枯燥而乏味，他们在身心正该精壮的时候，却已经是"老态龙钟"了，这该是人世间最悲惨的事情。

成功诱惑着许多人，人们围绕着成功绞尽脑汁、终日奔波，却很少有人关注自己的身心健康。

每个人的经历大相径庭，但都会拥有年轻。自视身体强健的年轻人一方面享受青春，一方面也在消耗着健康。初入社会的青年在为成功做出巨大的付出：快节奏的生活、高强度的工作，他们根本没有时间和精力打理自己早就疲惫不堪的身体。他们还未来得及享受生活的滋润就为追求付出了所有，不能不说是一种遗憾。"亚健康"在成为一种城市流行病，这很大程度源于人们对自己的不重视，不重视身体的保养，不重视身体的危机信号，任其恶化，直至被疾病打倒，却悔之晚矣。

有许多人不惜一切地追寻着财富，却不知不觉牺牲了人生的第一财富——健康。世上没有比健康更好的财富，没有比内心快乐更大的快乐。

很多人认为，赚钱可以说是人生中最大的快乐之一，它除了能够给多数人提供主要的智力刺激和社会互动之外，还是许多经营者唯一能展露才能、并获得掌声的标准。拼命赚钱除了可以带来名声之外，还可带来财富、权力及擢升。但是，如果你真的把每一分钟清醒的时间都用来赚钱，而完全忽略自己的健康，那将是得不偿失的。因为，人不是只干活不需要吃饭、睡觉和休息的机器。

健康是"1"，而事业、家庭、爱情等等都不过只是"1"后的"0"，失去健康，所有这些都将变得毫无意义。身心健康是人生最起码的，也是最重要的条件，是人生中最重要的财富。

什么是健康？有人认为没有病就是健康。其实，健康的概念要比这广泛得多。人除了生理健康外，还应包括心理健康和社会交往方面的健康。人不仅要有无病的身躯，还要有充沛的精力、健全的智能和良好的心态。

一个人无论是想拥有富裕的物质生活，还是希望拥有一种富足的精神生活，都必须拥有健康，拥有精神。健康不但能使人创造出财富，还能使人愉快地享受这些财富。

我们应日日谨记：保持充足的睡眠、适当的户外运动、与友人谈心、不要超强度工作、补充营养；不要过多烦闷、后悔、恐惧、怨尤、愤怨。这是保持健康以应付竞争的法则。

要想成功就一定得珍爱自己的身体，凡是足以摧残你身体，空耗精力、时光的事绝不去做，应时刻关心身体，关心那些是否真正有助于事业与身体的健康。你的身体垮了只能壮志难酬，那时，再多的金钱也将于事无补。

人生最大的财富就是健康。每一位在通向成功路上勇往直前的人都应当倍加珍惜、呵护上天赋予的这份宝贵礼物。

恩爱夫妻多长寿

俗话说得好："老伴、老伴，愈老愈要相伴。"老夫老妻之间的相互体贴、关心，甚至一句暖心话、深情的一瞥，都会使对方感到温暖，成为驱逐孤独、战胜疾病的精神力量。有报道说，一位丧偶的老干部在病房中相识了一位丧夫的退休教师，并很快相爱了，由于老干部子女的干涉，女教师只好洒泪而别，不料这位老干部的病情因此而迅速加重。在垂危中，老干部喃喃地呼唤着女教师的名字。后在医院人员的劝说下，终于使女教师又回到了老干部病榻前，结果这位老干部的病奇迹般痊愈了。这是一对黄昏恩爱鸳鸯，可见爱情可使人长寿。

古往今来，恩爱和谐的夫妻多长寿。据日本人口调查资料表明，离婚者与夫妻恩爱者相比，男性寿命平均短12岁，女性平均短5岁；丧偶者当年因病死亡的机会比同龄人高10倍以上。瑞典医学科研人员对989名50～60岁的中老年人追踪观察9年，发现离婚者或鳏夫死亡率22％，而夫妻白头偕老者只有

14%。因此良好的夫妻关系对于健康长寿具有重要作用。

夫妻恩爱，能使双方产生一种温暖、宁静、协调的情趣，有利于大脑皮质功能和机体免疫功能的生理协调，从而促进体内分泌出有益的激素、酶和醋酸等物质。这些物质能把体内血液的流量和神经细胞的兴奋程度调节到最佳状态，对机体身心健康十分有益。所以，夫妻感情融洽，不仅有利于家庭和睦，而且有利于健康长寿。老年夫妇也不宜分室而居。人到老年较易患高血压、冠心病等心脑血管疾病，而这些疾病的急性发作，常会给老年人带来严重后果，甚至致命。不少危重急症疾病，如脑血栓、不稳定型心绞痛、心律失常、心肌梗死、脑出血等，在夜间休息、入睡或安静状态发病的情况已屡见不鲜。因此，老年夫妇同居一室，既可及早发现、及早抢救，还可互相照顾。

老筋长，寿命长

俗话说，"老筋长，寿命长"，"运动强筋骨，吐纳肺腑良"，中国民间很早就把筋与人的健康、寿命紧密联系起来了。

在中国传统养生文化中，筋占据了重要的地位，古人修炼的很多武功都与筋有关，比如我们经常在影视剧里看到的分筋错骨手、分筋擒拿法、收筋缩骨法等，甚至还有一本专门的书是用来练筋的，那就是我们非常熟悉的《易筋经》。

为什么筋这样重要？我们还是先来了解一下什么是筋。"筋乃人之经络，骨节之外，肌肉之内，四肢百骸，无处非筋，无处非络，联络周身，通行血脉而为精神之辅。"可见，最初的"筋"是指分布于身体各部分的经络。后来，经过时代的演变，筋的定义也发生了改变，逐渐成了韧带和肌腱的俗称，也就是我们现在所说的筋。

在中医里，肝与筋有着紧密的关系。《素问》说："肝之合筋也，其荣爪也。"头面躯肢病征状态，通过经筋网络汇集于指端的爪甲。脏腑荣枯，气血盛衰，皆可由于经筋的传导引起指甲的变化。因此，有爪为筋之余的说法，虽然这在解剖学上不能与筋完全等同，但在功能上却与筋具有同一性。

说到功能，筋附着在骨头上，起到收缩肌肉，活动关节和固定的作用，人体的活动全靠它来支配。可以说，如果人体没了筋，就会成为一堆毫无活力的骨头和肉。中医认为，肌肉的力量源于筋，所谓"筋长者力大"，筋受伤了自然使不出力气来，尤其是后脚跟这根大筋，支撑着身体全部的重量。这样，我们也就明白了，为什么一个武功高强的人，筋断之后就会成为一个废人，因为他已经使不出力气来了。

因为筋的最基本功能是伸缩，牵引关节做出各种动作，所以筋只有经常活动，经常抻拉，才能保持伸缩力、弹性。古代有许多功夫高手，能够年过百岁而不衰，与练筋是分不开的。不过，需要注意的是，练筋还需要特殊的方法，我们平常所做的跑步、登山等运动活动的主要是肌肉，却远远达不到锻炼筋的目的。因此，需要一种能锻炼筋而尽量不锻炼肌肉的运动，这就需要"易筋"。

易筋有一个十分简单的方法——盘腿。美国哈佛大学医学院，每年有近万名患有各种疾病的人就诊，医生除了给病人用药外，还经常会教他们如何盘腿打坐，以消除精神上的压力、增强体质。在日本，许多地方流行女性做"一日尼姑"的健身潮流，到一家寺庙盘腿打坐，斋戒清心，不仅压力和烦恼消失了，还锻炼了身体。

盘腿而坐时，两腿分别弯曲交叉，把左腿踝关节架在右腿膝关节处，向前俯身，保持这个姿势。如果连10分钟都坚持不了的人，那就说明你的腿部、踝部、髋部的柔韧性不够，平常也缺乏柔韧练习。

怎样锻炼身体柔韧性呢？以下两个简单的练习动作，每次只需要花费约5分钟的时间，针对腰、臀、腿部进行拉伸，就能大幅提高身体灵活性，轻松完成盘腿坐。

坐姿前屈：坐在垫子或床上，双腿并拢伸直，尽可能向前俯身，双手触碰小腿胫骨，感觉到大腿后侧被拉紧时，保持15至30秒钟，休息半分钟，再做一组。

跪姿伸展：跪在垫子上，双膝并拢，脚踝背伸，使两个脚面都贴在垫上。然后双手后撑，尽可能后仰上身，感觉到大腿前部被拉紧时，保持15至30秒钟。休息半分钟，再做一组。随着大小腿柔韧性的增强，你将能够使上半身躺在垫上。

经常练习盘腿，可以改善腿部、踝部、髋部的柔韧性，使两腿、两髋变得柔软，有利于预防和治疗关节痛，实际上是将整个下半身的筋拉松了。另外，久练盘腿，可以放慢下半身的血液循环，等于增加了上半身的血液循环，特别是胸腔和脑部的血液循环。这个姿势还能使呼吸系统不受阻，让人的呼吸顺畅。骨正筋柔，气血自流，长寿秘诀就在于此。

高枕未必无忧

不少人被"高枕无忧"的成语误导，睡觉时用高枕头，甚至用两个枕头，其实，这对身体健康是不利的。

"高枕无忧"用来比喻太平无事、安然入睡，但是枕得高，并不一定能睡得好。

正常人的脊椎有4个生理弯曲，颈部往前凸，胸部往后凸，腰部往前凸，骶尾部往后凸。枕头过高，无论是仰卧还是侧卧，都会改变颈椎的生理状态，早期可能会发生"落枕"，长期以后会使颈椎强直、错位，导致头颈胀痛、失眠、记忆力减退等，还会影响血液循环。长期低枕也会改变颈椎的生理状态，引起烦躁、失眠等症状。

一般患有高血压、高颅压、心脏病、肺气肿、哮喘等病的病人，需要睡高枕；患有低血压、休克、低颅压、贫血的病人，需要低枕。

枕头的高度与每个人的胖瘦、肩的宽窄、颈的长短以及年龄有关，以舒适为宜。每个人都要选择一个适合自己的枕头。

早晨起床后发现脖子僵硬疼痛，不能转动，这多半是由于睡觉姿势不对造成的。落枕也是高枕的后患之一。落枕不可避免，治疗的关键在于肌肉的彻底放松。可以通过以下急救方案来减轻落枕带来的痛苦：

1. 淋浴5分钟，要使热水直接落在颈部和背部，可以促进血液循环，缓解肌肉紧张，减轻疼痛。

2. 将下巴顶在前胸，坚持一会儿，然后头向后仰，眼向上看，再坚持一会儿，头再向前伸。最后向两边轻轻转动脖子数次，这套动作对轻微的落枕很有效。

一般成年人仰卧时，枕头的高度以6厘米最为合适。侧卧基本与肩膀同高或稍低，一般为 10～15 厘米。如果褥子比较软，枕头宜再低一些。枕头过高，胸锁乳突肌、背部肌肉及头部均处于紧张状态，颈部前凸的生理弯曲也会受到影响，不但不利于消除疲劳，久之也易形成驼背、颈椎病、打呼噜、落枕等疾病。但枕头也不可过低，特别在侧卧时，枕头太低容易导致肩周炎、落枕等。

枕头的硬度主要与枕芯材料有关，什么样的材料好呢？枕芯的关键是适当的硬度和透气性，太硬了不舒服，太软了翻身不便。目前多采用荞麦皮、木棉、羽毛、羽绒、聚乙烯等材料做枕芯。特别是荞麦皮，在不吸热、防潮性等方面都优于其他材料。我们要特别注意枕头不宜过软，也不宜过硬，不宜过高，也不宜过低。选择适合自己的枕头，枕出健康。

老来瘦，未必寿

现代医学研究告诉我们：老人的长寿绝不能单纯用"胖"和"瘦"来衡量，老人只要没有心血管系统疾病，适度的胖并没有太多坏处，更没有必要去刻意寻求越瘦越好的"秘方"。相反，医学专家认为，老人适度的胖，比瘦更能抵抗疾病的消耗。所以，老人大可不必为略胖而烦恼。只要坚持适度的运动和锻炼，适当注意饮食，不使身体过于臃肿就行，切不可走入"千金难买老来瘦"的误区。

老人并非越瘦越好，瘦也应有个限度，公认的限度是不应低于标准体重的20％，否则，预示着体内可能存在某种疾病隐患。

1. 恶性肿瘤。所有恶性肿瘤都可能先出现无原因的消瘦，近期有明显消瘦者更应警惕。消瘦伴有吞咽困难者，常常提示食道癌的存在；消瘦伴有便血，要警惕结肠癌、直肠癌；过度消瘦更是胰腺癌早期仅有的症状。

2. 糖尿病。早期多为肥胖，但时间一长，消耗增多，会造成消瘦。有些老年糖尿病患者虽没有明显的"三多"症状，但由于体内糖代谢紊乱，也会导致消瘦。

3. 结核病。老年人的消瘦由于慢性感染所引起的为数不少，其中较多见者为结核病。

4. 甲状腺功能亢进。老年患者的1/3无甲状腺肿大，半数以上无突显症状，但体重下降的可占74％。

5. 肾上腺皮质功能减退。老年人发生此病，早期极不典型，仅有消瘦的表现，以后才逐渐出现皮肤黏膜色素沉着等典型表现。

6. 胃肠道疾病。慢性胃炎、消化性溃疡、慢性非特异性结肠炎等，由于消化和吸收障碍，也会导致消瘦。

7. 药源性消瘦。某些药物，如甲状腺制剂、苯丙胺等可促使身体代谢明显加快，服用洋地黄、氨茶碱、氯化铵、雌激素等药物可引起食欲减退、上腹不适；长期服用泻药会影响肠道吸收功能。

8. 其他原因导致的消瘦。情绪过分激动、悲伤、忧愁、兴奋以及失眠，导致睡眠时间不足而影响食欲，或者挑食、偏食、长期素食等都可使机体所需各种营养素摄入不足，从而导致消瘦。

总之，肥胖臃肿固然非福，瘦骨嶙峋同样是祸。身体过于消瘦的老年人除了查明原因，积极诊治隐患以外，在饮食上还要比一般人多吃高热量、高蛋白和含维生素多的食物。

中国俗话说："千金难买老来瘦。"然而，德国营养专家建议，老年人体形瘦弱未必好，关键在于保持适当的体重，维持正常的生命活动。

德国吉森大学营养研究所的营养专家贝特霍尔德教授指出，60～70岁之间的老年人肌肉将开始出现萎缩。男子每10年萎缩4%，而妇女则可能达到6%。据此，贝特霍尔德教授向老年人提出建议，体重稍微超过正常值甚至更有益于健康。因此，即使体重稍微有些超重，最好也应该保持这一状态。

德国营养研究所的科学家海纳·伯英也强调："最佳的方案

就是保持体重。"当然，专家一致认为，为保持健康，经常进行室外活动并且保证矿物质和维生素的正常摄入，是老年人必须注重的。

虽说"老来瘦"可避免因肥胖而引起的心脏病、高血压、高血脂、胆结石、糖尿病等许多慢性病，然而，医学专家通过分析和临床观察证实，老年人过分追求瘦并不正确，有时稍胖些反而对健康更有利。

老年人体重不应低于标准体重的20%，而当体重超过标准体重的40%时，才会发生各种疾病。倘若饮食及生活环境没有特殊变化，在短时间内身体日渐消瘦，切不可掉以轻心，应及时到医院检查。身体过瘦，原因是血液中的蛋白质含量低、血色素和胆固醇值也不高，一旦患病，抵抗力就会很弱。为此，专家提醒：对少数肥胖的老人来说，适当控制饮食，增加运动量是必要的。但对于并不肥胖又没有疾病的老人来说，切莫过分减肥，也不要以胖瘦作为衡量健康的标准。

无病先防胜于有病再养

《黄帝内经》中有一句话："是故圣人不治已病治未病，不治已乱治未乱，此之谓也。夫病已成而后药之，乱已成而后治之，譬犹渴而穿井，斗而铸锥，不亦晚乎！"意思是说，聪明的人不会生病了才想着去治疗，而是未雨绸缪，预防在先，防病于未然，这在中医上叫作"治未病"。

"治未病"是中医理论的精髓，就是当疾病尚未发生时，能提前预测到疾病的发展趋势，并采取相应的防治方法，以杜绝或减少疾病的发生。比如春季万物萌生，细菌、病毒等致病微生物也相应活跃，感冒之类的疾病就有可能流行开来，所以中医提出"正月葱、二月韭"的饮食，以提高人们的抗病能力。夏季天气炎热，中暑发生的可能性相对就大，中医就强调"饮食清淡"、"夜卧早起，无厌于日"养生方案，使中暑的发生减少。秋季气候干燥，咳嗽一类疾病的发病率相对较高，所以中医强调秋季以"养肺除燥"为主，多吃梨以生津解渴，从而使一些时令病的发生降到最低限度。冬季要收藏体内的阳气，注意保暖，早卧晚起，好好休息等。

中医"治未病"还体现在一个方面，就是在疾病的潜伏期及时发现，并扼杀它的滋长，使人体恢复真正的健康。不过，相对而言，如今的医疗水平只停留在应付"已病"的人群上。我们可以用这样的比喻来说明"治未病"和"治已病"的区别，"治未病"就像是洪水暴发之前驻堤坝、泄洪的各项防护措施，而"治已病"就像在洪水泛滥以后再去堵窟窿一样，按下葫芦浮起瓢，根本没有更多精力谈预防。

很多人就是由于不注意预防导致疾病缠身，疲于奔命。因此，只有我们提早防微杜渐，防患于未然，把健康掌握在自己手中，人生才会充满自信与快乐。这也是中医"治未病"的最大意义。

早吃好，午吃饱，晚吃少

有规律的生活方式与科学的膳食习惯，可以使人保持良好的工作精神状态，能更好地抵御疾病。按照营养配餐的科学理念与传统的膳食习惯，人们通常将每日进餐分为三次，即早中晚一日三餐。

科学膳食，要把人体一日内需要的热能和营养合理地分配到一日三餐中去，这样每餐所摄取的热量约占全天总热量的1/3左右。但是，午餐既要补充上午的热量消耗，又要为下午的工作、学习提供能量。因此，可以适当多吃一些。这样，早餐一般占全天热能的30%，午餐占全天热能的40%，晚餐占全天热能的30%，以适应人体生理状况和工作需要。

有一句"金早餐，银午餐，铁晚餐"的说法，这句俗语充分说明了早餐的重要性。早饭吃得好的人，整个上午血糖水平均保持在正常水平，所以不论是脑力劳动者或体力劳动者都会感到精力充沛，工作效率很高。

经过一夜的睡眠，在前天晚上进食的营养已基本耗完，因此，早上只有及时地补充营养才能满足上午工作和学习的需要。如果经常不吃早餐，危害性很大，最显而易见的是体力不支、头晕乏力、注意力不集中、工作效率下降，而且患胆结石的概率非常高。另外，长期不吃早餐或早餐不讲究者，胃炎、胃溃疡、胃癌的发病率也较高。因此，早餐是一定要吃，而且要吃好。

每天坚持吃营养早餐，是延年益寿的要素之一。因此，早餐一定要吃好。要选择最合理的营养搭配，以供身体所需。起码应包括谷物、动物性食品、奶类及蔬菜水果四大部分。一般可以根据以下原则，合理进食早餐。

一、营养搭配

蛋白质：早餐要有一定量的动物蛋白质，如鸡蛋、肉松、豆制品等食物为佐餐。因为人体是否能维持充沛的精力，主要依早餐所食用的蛋白质而定。

碳水化合物：早餐时进食一些淀粉类食物，比如馒头、面包，粥等，因为大脑及神经细胞的运动必须靠这些食物的糖分来产生能量。

维生素：早餐时最好能再吃些拌菜、泡菜、蔬菜沙拉、水果沙拉等，因为这些食物可以提供身体所需的维生素。

二、早餐守则

水分补充：人体一天水分所需，最好有1/3量在上午补充完毕。水分补充在早晨也很重要，如果能在未进食前先来杯开水，活络肠胃；或者喝一杯蜂蜜水，也可以清肠胃；餐后来杯助消化的乳制品，都能起到不错的效果。

复合性糖类：复合性糖类的热能，也是早餐时不可缺少的，摄取一些全麦面包等全谷类制品，可迅速提供你所需能量及多种营养成分。

清淡：一定要记住，早餐宜清淡。因为油脂含量过多的餐点，会使血液循环减缓，血液带氧量减少。

三、就餐时间

一般来说，早晨7～9点是吃早餐的最佳时间。

通常，起床后20～30分钟再吃早餐最合适，这时人的食欲最旺盛。

早餐不但要注意数量，还要讲究质量。最好少吃稀饭、甜面包或炒面等含碳水化合物多的食物，以免使脑中的血清素增加。因为血清素具有镇静作用，使大脑无法达到最佳状态。

早餐也要注意变换，不可千篇一律，至少应该每周换一种主要食物。并且，早餐也不宜吃含有大量脂肪和胆固醇的食物，如油条和熏肉等，这些食物不但不易消化，还会加速胆固醇的升高。

午餐是补充营养能量最关键的一餐，除了要补充上午工作的消耗，还要满足下午工作的需要。通常，早晨刚刚起床还不是很饿，也吃不了太多东西，晚餐又不好吃太多，所以中餐最重要。

午餐的食物要注意多样性，注意荤素搭配，营养俱全。一定要有一些富含蛋白质和脂肪的食物，如鱼类、肉类、蛋类、豆制品等；并且要有米饭、馒头、玉米面发糕、豆包等主食；还要搭配一些新鲜蔬菜，这样才能保持体内血糖继续持于高水平，以保证下午的工作和学习。

照理说，上班族的午餐结构应营养更高一些，最好以吃蛋白质和胆碱含量高的肉类、鱼类、禽蛋和大豆制品等食物为主。要知道，只有这类食物中的优质高蛋白才可以使人的血液中酪氨酸增加，进入人脑之后，可转化为使人头脑保持敏锐的多巴胺和去甲肾上腺素等化学物质。胆碱则是脑神经传递乙酰胆碱的化学介质，乙酰胆碱对脑的理解和记忆功能有重要作用。

特别注意的是，午餐尤其忌吃方便类食品，例如方便面、西式快餐等。这些食品营养含量很低，根本就不能供给身体的营养所需。此外，午餐也不能天天都吃一道菜，一定要经常更换。

下面介绍几道营养丰富、美味可口的午间大餐：

海带肉丝、素什锦：主菜是鲜肉、海带、榨菜、青椒；副菜是西芹、西兰花、油面筋、水发肉皮。

土豆肉排、香菇菜心：主菜是肉排、土豆、西芹；副菜是油菜、豆腐干丝、香菇。

茭白肉丝、素什锦：主菜是鲜肉、茭白、菜椒；副菜是黄瓜、腐竹、胡萝卜、黑木耳。

鸡蛋肉块、生菜：主菜是鸡蛋、五花肉、青椒丝；副菜是生菜、虾皮、枸杞子。

按照科学的膳食方式，晚餐要以清淡、容易消化为原则，最好选择：面条、米粥、鲜玉米、豆类、素馅儿包子、小菜、水果拼盘等食物。并且，应在就寝前两个小时进餐，还要特别注意不要吃肉类食物，并且，最好吃八成饱。

如今，由于午餐作为正餐的习惯早已被打破，晚餐也成了现代家庭中最重要的一顿饭。华灯初上，忙碌了一天，和家人围坐在一起享受丰盛的晚餐好像成了人们最快乐的享受。于是，不少家庭的晚餐菜肴都很丰盛，像鸡、鸭、鱼、肉、蛋摆满餐桌。有一些家庭在晚上八九点钟，甚至十点才吃晚餐；有的人下班后就开始忙"应酬"，吃喝几个钟头，才腆着肚子回家；还有的人加班熬夜后把晚餐和夜宵放在一起，吃完后马上睡觉……

殊不知，这些不好的晚餐习惯便是多种疾病的罪魁祸首。这种以晚餐补、早餐和中餐少的饮食习惯在运动量不足的情况下，会给身体健康埋下"定时炸弹"。像高血压、糖尿病、心脑血管疾病、肝胆疾病等慢性病的发生，可以说与晚餐进食不当有着必然的联系。

在夜间基本没有活动，吃多了易营养过剩，导致肥胖，还可能使脂肪沉积到动脉血管壁上，导致心血管疾病。所以，晚饭最好只吃八成饱，这样有利于消化和吸收。而且应多注意摄取膳食纤维，少吃脂类，这样有助于消化，利于排便。

一般来说，晚餐在六点左右吃最好，尽量不要超过晚上八点。八点之后最好不要再吃任何东西，饮水除外。晚餐千万不能吃饱，更不能过撑。要以吃得少睡得香为准，不过，具体吃多少应依每个人的身体状况和个人的需要而定，以自我感觉不饿为度。并且，晚餐后四个小时内不要就寝，这样可使晚上吃的食物充分消化。

晚上尽量不要吃水果、甜点、油炸食物，而且最好不要喝酒，因为酒精的刺激使胃得不到休息，会导致睡眠不好。晚餐应选择含纤维和碳水化合物多的食物，最好能有两种以上的蔬菜，如凉拌菠菜，既增加维生素又可以提供纤维。可适当吃些粗粮，也可以少量吃一些鱼类。

话说："人是铁，饭是钢，一顿不吃心发慌。"是的，一日三餐是正常饮食，少吃一顿也不行。

从生理角度来看，人什么时候吃饭是由生物钟控制的。科学讲，人的进食习惯分为一日三餐（早、中、晚）也是最合理的。因为在这三个时间段里，人体内各种消化酶的分泌特别活跃，消化吸收能力也较强，能充分地保证机体的营养需求。

近年来健康调查表明：胃肠疾病发病率逐年上升，健康隐患堪忧。原因是生活节奏较快，生活没有规律，很多人特别是一些上班族，忙起来往往有上顿没下顿，时而半饥不饱时而暴饮暴食，殊不知，这样的饮食方式对健康非常有害。因此，培养科学的"吃饭"习惯，对身体的健康至关重要。

半饥不饱或暴饮暴食是身体健康的大忌。掌握一日三餐的进食量是保持健康的关键，吃得太多或太少都不好。据测算，成年人一天的进食量大致如下：粮食500克，鸡蛋1个，瘦肉100克，鱼150克，豆类200克，蔬菜500克，牛奶200克，植物油25克。

少吃咸盐，多活十年

"柴米油盐酱醋茶"，这是开门生活七件事。盐是人们的必需品。并且，百味皆都要以盐为主，因而食盐是调味品中的老大，故有"百味之王"的美称。不过，食盐虽然是生命中所不可缺少的，但是食用过多的盐也不利于健康。要知道，盐在带给我们味觉美的同时，嗜盐也会给健康带来巨大的风险，尤其是对那些患有心脑血管、肾脏等病人的威胁更严重，并且会影响寿命。因此，若想长寿，必少吃咸盐。

摄盐过多，是困扰现代人的一大问题。因此，盐是一把"双刃剑"，虽然我们的一日三餐绝对缺不了它，可食用不当也会带来很多伤害。据世界卫生组织调查，按照每人每天摄入6克盐的标准，很多人的摄入量却已超标至少两倍以上。

下面我们来盘点一下，平时嗜盐会给健康带来的危害：

一、祸及肾脏。食盐中的钠，经尿排出的约占90%。如果人体的保钠机制较完善，摄入少则排出少，如果盐太多会导致血容量增加，使血压升高，便会加重心脏和肾脏负担，从而引起排钠障碍。因此，平时摄盐量高，会促使肾脏血管发生病理性改变，加重肾脏的负担，从而影响肾脏功能。

二、过多吃盐诱发儿童疾病。儿童保健专家指出，无论是健康儿童，还是病儿，均不宜摄入过多的盐。因为平时饮食太咸，易引发呼吸道感染。高盐饮食可能抑制黏膜抵抗疾病侵袭的作用，加上孩子的免疫能力本身比成人低，又不容易受凉，各种细菌、病毒会乘虚而入，导致感染上呼吸道疾病；并且，高盐饮食，往往使口腔唾液分泌大量减少，这就更利于各种细菌和病毒在上呼吸道的存在。

三、导致高血压。盐食用过多，易导致血容量增加，对血管壁的侧压力增加，导致血压增高，还会导致血管硬化。

四、导致身体浮肿。吃盐过多，会让人产生口渴的感觉，这就需要喝大量的水来缓解，如此一来，长期大量的食盐饮水便会导致身体浮肿。

五、导致骨质疏松。有一句话"限食盐，如补钙"，这就是说，少吃盐对钙实际起到了"不补之补"的作用。研究表明，低钙摄量以及高盐摄量所致高尿钙，是导致骨骼中的钙减少，引起骨质疏松的重要原因。所以，饮食盐量的多少是排钙的主要决定因素，盐的摄入量越高，尿中钙的排出量越大，那么，就极易发生骨质疏松甚至骨折。

六、导致睡眠猝死。你知道吗？睡眠猝死是因为吃盐过多。睡眠猝死症，近年在东南亚国家，如泰国及菲律宾比较常见。菲律宾卫生部长说，超过五成死于此病的人都有急性胰腺炎，而胰腺炎起因，可能是因菲律宾菜偏咸所致，虽然人们对其还没有确切的认定，但长期大量食盐会加速人的死亡是毋庸置疑的。

七、导致胃炎、胃癌。英国和日本科学家对数万名男女的饮食习惯和身体情况进行了研究,发现爱吃过咸食物的人患胃癌的危险是普通人的两倍。与日常饮食较为清淡的人相比,吃盐多的人患胃病的几率要高70%以上,甚至致癌。高盐食品还容易导致萎缩性胃炎,这是胃癌的前一阶段。

八、诱发气喘、白内障。国外一些学者发现,如人过量摄入食盐,会因影响呼吸系统功能而加重气喘,而且患白内障的可能性会增加。女性皱纹丛生,都是盐多惹的祸"美女生在山上,不生在海边。"这是法国的俗语,意思是说住在海边的女性平时摄入的盐较多,所以皮肤很容易长出皱纹。是的,盐是一把"双刃剑",虽然我们的身体绝对缺不了它,可食用不当也会带来很多伤害,尤其是女性。

平日里口味比较重的女性,无论是自己下厨房还是在外面点餐,都喜欢吃很咸的菜,长此以往很容易导致皱纹增多。食盐以钠离子和氯离子的形式存在于人体血液和体液中,并且在保持人体渗透压、酸碱平衡和水分平衡方面,起着非常重要的作用。但是,如果平时吃盐过多,人体内的钠离子就会增加,就会导致面部细胞失水,从而造成皮肤老化,时间长了就会使皱纹增多。因此,吃盐过多不仅会造成高血压等其他病患,还会直接影响人的容貌。作为女性,如果要想拥有光亮嫩滑的好皮肤,比较科学的方法是:少吃盐,多喝水,帮助皮肤排毒。

尽管许多肥胖的人挖空心思，使出十八般"招数"想把体重减下来，但始终是效果不佳。这是为什么呢？经反复研究发现，平时口重是很大原因。

在日常生活中我们不难发现，有许多肥胖妇女的脚到了下午就会浮肿，穿的鞋子变得紧绷，走起路来困难，其实是体内的盐分在作怪。而"浮肿"，则是多余的水分未能被排泄而蓄积在体内时所发生的现象。

日本营养学专家，曾进行了一个实验。他们把体格肥胖硕大的 100 只小白鼠分成两组，每组 50 只。甲组喂给高浓度食盐食物，乙组喂给低浓度食盐食物，而喂养的食物量却相同。结果一个月以后发现，甲组的体重普遍增加，而乙组的体重普遍下降。这说明，食盐过多会导致体重猛增。

应该说，正常的盐分摄入并不可怕。不过，有关医学院的一份调查显示，人们的饮食普遍偏咸，除了做饭烧菜中放盐多外，在一些熏肉、腊肉制品以及奶酪中，含盐量也相当高，这就大大增加了日常盐分的摄入量。

世界卫生组织规定，成人每日钠盐摄入量应不超过 6 克，因此，在日常生活中应多加注意几点饮食方式：

一、使用低钠盐是减少摄盐量的最简单方法。由于低钠盐中含有约 30% 的氯化钾，可以在几乎不影响咸味感觉的同时，轻松地把摄盐量降低三分之一,同时有效增加了钾摄入量。

二、烹饪时,可以多利用蔬菜本身的强烈风味,例如青椒、番茄、洋葱、香菇、香菜,和清淡的食物一起烹煮,尽量少用点盐,如番茄炒鸡蛋就是好例子。

三、注意食品的含盐量。平时,对于随手可得的各种加工食品,要学会阅读包装上的营养标识。少吃以下食品:火腿肠、牛肉干、肉松、鱼松、咸蛋、肉酱、各种鱼罐头、豆腐干、豆瓣酱、味精、鸡精等。

四、多吃水果有利于降低食盐量。由于许多水果都是高钾低钠的食品,如香蕉、葡萄、橘子、苹果、桃子、石榴、大枣等这些含有丰富钾离子的食物,以达到控制血压的保健效果。

五、少喝汤、少吃泡面。汤料平均含有60%的盐,喝愈多汤就是吃进愈多盐。一盒99克的方便面含7.8克盐,一天的盐量就超过了。

六、少放酱油。炖菜时不要加酱油,做好后依个人爱好酌量添加。

为了掌握食盐的摄入量,在买1000克盐时,要记住开始用到用完的日期,然后计算出天数,用1000克除以天数,再除以家中就餐的人数,便可大致算出每人每天的用盐量。

开始可以还按原来的习惯烹调时加盐,然后再用新法作比较，看是否减少了用盐量。

经国内外研究证明，长期食用加碘盐，会使甲亢病人的减药时间延长，减药剂量受到抑制，因此甲亢病人在药物治疗时，应尽量避免食用加碘盐。

如果在市场上买不到不加碘的食盐，那么可以想个办法除去盐里面的碘。方法很简单，碘在高温下不稳定，可以将碘盐放在锅里先炒一下，这样碘就挥发了。

五谷杂粮营养全，既保身体又省钱

五谷杂粮是我们日常用于填饱肚子的餐食，它除了能维持我们正常的生理机能外，还是经济且实惠的最佳补药。中医里素来认为五谷杂粮的药性既可以用来防治疾病，而且对身体又没有副作用。所以，用五谷杂粮来进补养生，丝毫不比那些名贵的山珍海味逊色。

所谓"五谷杂粮"，主要包括玉米、高粱、小米、荞麦、燕麦、薯类及各种豆类等在内的产品。中医说"五谷为养"，是指吃五谷杂粮对健康有利。就实际而言，杂粮的保健功效的确十分了得。

多亲近杂粮，无疑就多了几分健康保障。现在我们具体看一

老人言

下五谷杂粮对人类的贡献：

一、维生素含量高。杂粮中维生素的含量不但很高，而且像维生素E、维生素B、β胡萝卜素等，还可以帮助人体清除氧自由基，活化机体酶活性，从而改善内环境平衡，起到抗衰老作用。

二、微量元素含量。杂粮中还含有大量的微量元素、矿物质，可以为我们提供丰富的铁、钙、磷、硒、锌之类。特别是镁，在红薯中含量极丰，有很好的抗癌、降压效果。

三、营养丰富。杂粮不但营养丰富，营养素全面均衡，而且还含有高比例的蛋白质、氨基酸。因此它的营养效果，要远远超过那些精米、白面，所以它是儿童、老年人的最佳副食，可起到营养互补作用。

四、属于碱性食物。你可能不相信杂粮还有缓解疲劳的作用，这是因为它的偏碱性，可中和人体酸性环境，从而起到缓解疲劳、增强体能的作用，并且，还可以通过清除垃圾保留人体的水分。

五、热量低。杂粮体积大，热量低，在肠胃中滞留时间较长，可以使人产生饱胀感，所以它又是糖尿病、高脂血症和减肥者的首选主食。

六、纤维多。杂粮有十分显著的通便作用。这是由于它所含膳食纤维多，既有可溶性的，也有不被人体吸收的粗纤维，因此可以有效缓解和预防便秘发生，从而减少结肠癌的发病率。

在日常生活中，多吃杂粮对人的身体健康有很大的帮助，而且，杂粮营养丰富，对疾病的治疗也有很好的效果，比那些人参、鹿茸等名贵的补药更安全实用。那么，所谓"五谷杂粮"有哪些保健养生的作用呢？下面让我们来详细了解一下。

一、大豆。这种粮食性味甘平，它含有丰富蛋白质与其他营养成分，具有健脾宽中、润燥消水的效用。平常食用，可以辅助治疗疳积泻痢、腹胀羸瘦、外伤出血等症。

二、玉米。它被世界公认的"黄金作物"，其营养价值可见一斑。它能吸收人体的一部分葡萄糖，对糖尿病有缓解作用。据测定，它的纤维素比精米、精面粉要高4～10倍，尤其是这种纤维可加速肠部蠕动，可排除大肠癌的因子，降低胆固醇吸收，预防冠心病。

三、荞麦。其中的糖分含有的维生素B_1、B_2比小麦还要多两倍，经常食用荞麦对糖尿病也有一定的疗效，荞麦外用还可治疗毒疮肿痛等。因为它还含有其他谷物所不具有的"叶绿素"和"芦丁"，所含的烟酸和芦丁都是治疗高血压的药物。

四、大麦。这种粮食的性味甘、咸、凉，具有和胃、宽肠、利水的作用，常食可以辅助治疗食滞泄泻、小便淋痛、水肿、烫伤。此外，大麦芽性味甘温，有开胃消食、下气、回乳之功效。

五、豇豆。中医常用豇豆作为肾病的食疗品，这是因为它性味甘平，具有健脾、清热、解毒、止血、消渴的功效，可以用来补五脏、益气中和、养调经脉。

六、绿豆。它味甘性寒，有利尿消肿、中和解毒以及清渴的作用。

七、莜麦。莜麦含糖成分少，因此是糖尿病患者的理想食品。此外，它的蛋白质比大米、面粉高 1.6～2.2 倍，脂肪则多 2～2.5 倍，而且莜麦脂肪成分中的亚油酸含量较多，易被人体吸收，所以它还具有降低人体血液中胆固醇的作用。

此外，杂粮的诸多益处，可以给人体直接受益。因此，对一些爱美的女士和一些中老年人"三高"症状者，以及与一些长期便秘者、接触电脑较多族等人群，平时饮食一定要多吃杂粮。特别是夏天，杂粮可解腻，更宜多吃。白天可以多吃水果，晚餐可以吃杂粮粥等，坚持一个夏天，身体症状与皮肤都会得到良好改善。

吃杂粮虽然有益健康，但还要注意粗粮普遍存在口感不好，以及吸收较差的劣势。因此，在平时食用时可以把粗粮与细粮混起来吃来解决这个问题。此外，对于一些胃肠功能较差的老年人和一些消化功能不健全的孩子，要做到"粗粮细吃"，把杂粗加工精细，再烧煮到软烂后食用。

口水是个宝，常吞身体好

这里说的口水即唾液，是人体津液的一种，是口腔内的分泌液体，在中医里称其学为"金津"、"玉液"、"玉泉"等，对养生有很重要的作用。因此，民间流传着"口水经常吞，越活越年轻"的说法。

唾液是一种无色且稀薄的液体，被人们俗称为口水，在古代被称为"金津玉液"，它主要由唾液腺分泌。唾液是体液的一部分，来源于饮食，通过胃的"游溢精气"，肠的吸收和脾的"散精"而成。而且，唾液在人体生理上十分重要，是构成人体和维持人体生命活动的基本物质。

现代医学对唾液功能的认识也在不断加深，经研究发现，唾液不仅具有促进消化的作用，而且对维持生命的正常运行也有重要作用。这是因为唾液中含有大量生物化学物质，如其中的两种神经因子，能刺激感觉神经和交感神经正常生长和活动。它所含有的几种蛋白质有促进止血和收缩血管的作用；而且，唾液中含有的分泌型免疫球蛋白 A 和溶菌素，有免疫和抗菌作用，能杀灭口腔中的某些细菌，从而保护牙齿。

现代医学可以提取唾液腺内分泌素，用于治疗老年性疾病。因为唾液中含有的"唾液激素"是由多种氨基酸组成的蛋白质。它的含量虽少，作用却大，能促进细胞的分裂和生长，加速蛋白质的合成，维持血糖的稳定，调节体内钠离子的平衡和促进人体骨骼、肌肉、关节、眼睛、牙齿的生长。

它具有润滑作用，便于吞咽食物，还能帮助口腔软组织受伤区域的血液凝结，增加受伤区域的小血管的渗透能力，吸引白细胞至受伤区，促进伤口愈合等。

唾液还有极强的抗菌杀菌的作用。我们知道口腔经常存在着大量细菌，但口腔内的伤口很少有感染。这就是因为唾液不仅含有溶菌酶的物质，能阻抑空气或水中的多种细菌生长；而且也含有其他抗菌因子，如唾液中的免疫球蛋白等物质，能阻止细菌的附着，抑制其生长，甚至有杀灭细菌的作用。

唾液有很多重要的作用，尤其是对口腔的保护，我们可以将唾液看作是促成或防御牙病的重要外在环境因素。因为我们的牙齿和其他口腔组织均处于唾液的包围中。具体来说，唾液对口腔健康的影响主要有以下两种：

一、唾液的防御能力。唾液的酸碱度和含钙量的变化，大大加强了对牙周疾病的防御力。由于牙周的炎性细菌在碱性溶液中滋生，而唾液中含钙量高，则能促成牙结石的沉积，这样就能增强对牙周疾病的刺激作用。此外，唾液也可影响龋病的防御力，虽然酸度增强可使龋病因素更具优势，导致牙齿脱矿加重，但由于唾液中的含钙量高，因此又可促进牙齿脱矿区的再矿化。

二、唾液的清洁洗刷作用。观察发现，凡唾液分泌量大的人，其患龋的几率较低，而很多患龋率高的人，则常有唾液分泌量过低的现象。这是因为唾液在口腔里经常流动，可以起到清洗口腔的作用，可以很好地减少口腔内的污物和致病因子，保持牙齿和口腔的清洁，利于防病。

使口水增多是良好的生理反应，将唾液慢慢吞咽，有灌溉脏腑、利脾、健胃、强肾的作用，也有滋润肢体毛发的功能，还有增强抗病能力和防衰老的作用。

在古代，用唾液养生的功法，通常是用舌抵上腭，即搭鹊桥，其意义就是刺激唾液腺，使之增加唾液的分泌。而近年来较为流行的"八段锦"功法中，就有很好的养生作用。这套功法的大意是：用舌头在口腔之中上下左右转圈搅动，以舌搅津，再将新生的津液分作三口咽下。并且，在吞咽唾液之时，要汩汩有声，但咽时不要太猛，最好能用意念送入丹田之中。

其实，吞咽唾液方法有很多，一般现代人最常用的方法是：

在每天早晨起床后，先端坐在床上，使肢体自然放松。这时应排除心中所有的杂念，之后就开始闭目，合口接下来用舌头先从左上牙床内侧转至右；然后再将舌头从右上牙床外侧转向左。再从左下牙内侧转向右，又从右下牙外侧转向左，如此反复各搅9次。最后，再上下牙轻轻地叩敲36次，再用口中唾液鼓腮漱口9次。这时，口腔里渐渐地充满了唾液，可分3次缓缓咽下即可。

唾液不但可以内用养生，还可以外用于面部美容，其方法是：将脸洗净后，将自己新生的清洁唾液置于两手掌上，再将双手拱热，之后就将唾液均匀地涂抹于面部，并加以轻微地按摩。如此，每天早晚各一次，一段时间之后，便会容颜光泽、滋润除皱。

可三日无餐，不可一日无水

"人可三日无餐，不可一日无水"，这句谚语直截了当地指出了喝水对人体健康的好处。水是人体中多种营养物和废物的溶剂及运输工具，是体温调节和维持机体电解质平衡的重要介质。没有水，人体的新陈代谢就无法运行，生命就会终止。

水是人体组织的重要组成部分，在骨骼中占20%，在肌肉中占75%，在血液中占80%，排出的屎液水占95%，汗液水达99%。人只要失去15%的水分就会有生命危险。

一个成人每天至少需要饮用1000毫升水，才能维持正常生理机能。因为人体每摄入一卡路里热量的食物，就需要同时摄入一毫升的水分才能维持体内代谢平衡；水能排出体内的毒素和杀死体内的细菌，特别是对泌尿系统的保健具有举足轻重的作用。每天要饮足够的水才能让泌尿系统清净通畅，避免结石、炎症等疾病的侵袭；医学研究证实，适量喝水，尤其是喝凉开水，有利于燃烧体内热量，从而有利于减肥。从喉咙到直肠，是人体内的一条长长的通道，人吃的食物经这条通道消化分解，营养被吸收，而残渣废物也要经这条通道排出。如果喝水太少，这条通道中的废物不能顺利排出，轻则口臭，皮肤出现不该有的黑斑，重则会导致全身疾病。

水是人体细胞结构的重要组成成分，是细胞内的良好溶剂，许多种物质溶解在水中，细胞内的许多化学反应也都需要有水的参与，多细胞生物体的绝大多数细胞必须浸润在以水为基础的液体环境中。水在人体内的流动，可以把营养物质运送到各个细胞，同时，也把各个细胞在代谢中产生的废物运送到排泄器官或者直接排出体外。总之，不仅是人，各种生物体的一切生命活动，都离不开水。

在成人的身体组织中，水分约占体重的70%，并分布在人体的血液、脑组织、肌肉组织和骨骼里；人若是离开了水，所摄取的食物就不能消化，人体所需要的营养成分不能被输送到人体的各个器官，并且人体内分泌系统所排出的废物、毒素不能排泄，人体的体温也就不能调节和均衡。所以说水不仅是构成身体的成分，而且还具有调节生理功能的作用。

据世界卫生组织统计，腹泻每年大约要夺去一百多万儿童的生命，每200名腹泻患儿中就有1名会死亡。而腹泻造成死亡的原因主要就是脱水。一般严重腹泻会引起脱水和营养不良，新生儿体内80%都是水分，新生儿腹泻出现脱水的症状更快，所以因腹泻而死亡的人数远远高于成年人。

那么，为什么脱水会让人死亡呢？水在人体内维持着水和电解质的平衡，使生命代谢活动维持正常。当水摄入不足或因腹泻、呕吐导致水流失过多时，就会引起体内失水，即脱水。当失水量占到体重的2%~4%时，为轻度脱水。此时会出现口渴、尿少、尿浓缩及工作效率降低等；当失水量占到体重的4%~8%时，为中度脱水。中度脱水除上述表现外，还会出现皮肤干燥、口舌干燥、声音嘶哑及全身乏力等；如果失水量超过体重的8%时，即重度脱水，就会出现皮肤黏膜干燥、高热、烦躁和精神恍惚等；若达到10%以上，就会危及生命。

正常人每日水的摄入和排出约在2500毫升左右，处于一个动态平衡。人如果断食只喝水时可生存数周；但如果断水则只能生存数日，一般断水5~10天即可危及生命。总之，保持身体一个正常运行，每天摄入适量的水是正确之举。

第三章

民以食为天：家财万贯，不过一日三餐

——吃得饱更要吃得好

一天十个枣，医生不用找

按中医说法，大枣能"补中益气，滋脾胃，润心肺，缓阴血，生津液，悦颜色，通九窍，助十二经，和百药。"可见枣的药理作用之大。

红枣，味甘性平，在中医上属补益药，以补气为主。因此，对脾肺虚寒、气血不足、神经衰弱、贫血等症都有一定的疗效。因此，民间一直流传"一天十个枣，医生不用找"的谚语。

誉为"果中之最"的大枣，自古以来都是人们爱吃的传统果品，因此又被列为"五果"之一，还素有"木本粮食"之称。那么，人们给了它这么高的评价与厚爱，它到底有什么作用呢？下面让我们详细了解一下它对我们有什么贡献。

大枣富含人体不可缺少的营养物质蛋白质、脂肪及多种矿物质元素钙、磷、铁，尤其是含有大量的维生素A、B、C。而且，大枣中含有的环磷酸腺苷，有扩张血管的作用，它可以改善心肌的营养状况，增强心肌收缩力；此外大枣中的山楂酸，则具有抗疲劳与增加人的耐力。

大枣有红枣与黑枣两类，虽然二者都具有营养与药用价值，但红枣更胜一筹。红枣最能滋养血脉，向来被民间视为补气佳品。常食用，不但可医治面容枯槁、肌肉失润、气血不正等症，能防治妇女更年期情绪烦躁与贫血；并且还可以减轻毒性物质对肝脏的损害。因此，红枣还是疗效颇佳的良药，对一些疑难杂症有显著疗效。

医学研究发现，红枣中的维生素A、维生素C、维生素B_2、维生素P等多种维生素，称得上"百果之冠"。据测定，每100克鲜枣肉就含有维生素300～600毫克，因而又有"天然维生素丸"的绰号；而干枣肉的含糖量则高达70%，这比制糖的原料甘蔗、甜菜含糖量还高。尤其是它所含的维生素P能健全人体毛细血管，防治高血压及心血管疾病。

此外，红枣中还含有有益于健康的化学成分，如氨本酸、赖氨酸、精氨酸等14种氨基酸，还有黄酮类化合物及磷、钙、铁等36种微量元素。这些都是人体不可缺少的微量元素与营养物质。

我国民间历来重视枣的食疗作用。实践证明，枣除了祛病强身外，经常吃枣还能健脑益智、滋润皮肤、振奋精神。现在我们将大枣与药物、食物合用，对人体产生的功效卓著的治病食疗方介绍一下。

一般说来，鲜枣宜洗净直接食用，干红枣可煮在粥中食用，这样能够使人体充分吸收它的营养成分。通常，吃枣一般以鲜枣为好，因为鲜枣汁水充足，果中营养更便于人体吸收和利用。而干枣则熟食为宜，吃时应先将干枣浸泡、洗净，再蒸食、熬汤，如加少量生姜熬成枣姜汤或加等量花生、冰糖煮粥吃。

吃鲜枣应先洗净，一次不可吃饱，应量少次多。注意不要吃污损溃烂的鲜枣和霉烂及鼠咬虫蛀过的枣。平时，吃干枣可以采用以下方法：

一、最常用的吃法是，做米饭的时候，饭快熟的时候把大枣洗干净掰开放在饭上一起蒸，口味绝佳。也可以在吃火锅或炖汤时直接放几粒洗净的干枣下去。

二、为了使肠胃容易吸收，可以先把大枣放到开水里焯一下，大概30秒钟左右再捞起，这样不但可以杀菌，还可以防止枣皮粘在肠壁上。

三、如果家里有烤箱，还可以做焦枣，先把中间的枣核取出来，放到烤箱里烤到焦的时候再吃，味道也是不错的。

下面再介绍几种红枣保健佳肴：

红枣赤豆粥、红枣糯米粥，自古以来就是老年、虚弱之人的疗养保健饮食。

红枣与芹菜一起煎服，有助降低胆固醇和软化血管。

用红枣煲花生，对于患脚气病者有辅助作用。

肠胃较易胀满者，则应加些生姜同煮，才不会胀气。

红枣莲藕汤能补血，使肤色红润。

在红枣里加点花旗参，可健脾胃、清热气。

吃枣虽然对健康很有益，但如果食用过量，往往全出现腹胀、腹泻的症状。因此，一次不可贪多。此外，妇女宜在经期食用，这时吃一些红枣有益气养血之功效。婴幼儿可经常吃些枣泥，老弱者吃大枣，比吃其他果品好。不过，有热症、腹胀、齿病的人及有疳积的小孩应少食或不食，以免产生副作用。

常吃素，好养肚

所谓"常吃素，好养肚"是说，常吃素食身体健康，使肠胃、五脏等不生疾病。常吃素，能使人健康长寿，防止高血压、癌症与肥胖症的发生。所以，日常饮食适当调配的素食有益于健康，不但有足够的营养，而且有益于预防和治疗某些疾病。

在古时候，"吃素"是只有出家的和尚等人才有的饮食习惯，可是现代人"吃素"却蔚然成风，成为世界性的潮流。不少人认为只有常吃素食，才能使自己青春健康、少生疾病。于是，这场风起云涌的素食运动，让食素成为一种全球性的时尚，无数人乐此不疲。那么，吃素真的有那么多好处吗？

经研究，吃素对身体的确有益处，因为素食所摄取的蔬菜和水果含有丰富的纤维素，有益于肠胃蠕动与促进消化，能帮助身体排毒。而且，相对于大鱼大肉而言，是较健康的吃法。一般蔬菜水果的胆固醇含量极低，又可以很好地降低心血管疾病的罹患概率。

调查发现，那些常吃素食者比常食肉的人寿命要长得多，比如美洲墨西哥中部的印第安人，是最原始的素食主义民族，他们平均寿命极高，令人羡慕。其实，常素食之人，他们的血液循环得快，而且身体清爽、精力充沛、极富耐力，且思维敏捷而长寿。

素食，在医学上称为碱性食物，这是由于素食食物可使人体的血液保持碱性（其血液清）。而且，素菜无毒，肉食却有毒。因为素食的菜肴，大多数是出自土地生长的蔬菜，与一些粗粮大豆、花生、果品及海藻等相比，它们既富营养，又无毒素。因此，多食青菜可以使血液保持碱性，使人清爽，精力充沛，青春永驻，延年益寿。但常吃肉类食品却不同了，它们能使血液呈酸性（其血液浊）。因此被称为酸性食物，而酸性食物可是引起人体生病患疾的主要原因。多食肉类，可使血液呈酸性，要中和此酸性时，血中的钙质必大量消耗；而且，由于钙量的消失，就会使细胞老化，从而使人体易疲劳，易神志不清与衰老。

从营养学的观点来看，人体所需的营养素可分为蛋白质、糖类、油脂、维生素、矿物质、水六大类。这些必不可少的营养物质，都可以从素食中获得。就先说一下豆类食物吧。经研究，一颗黄豆中，高达三分之一的成分是蛋白质，因此，素食者可通过豆类食物，来补充自己对蛋白质的需求。此外，像米饭、面条等日常主食，则是碳水化合物的丰富来源；而芝麻、花生等，则含有不吃动物油的素食者的最佳食用油。由此看出，人体所需的一切营养素，几乎都可从素食中获得。

此外，吃素还可以抵抗疾病、维护健康，我们来了解一下：

一、减少肾脏负担。我们体内的代谢产物，要由血液带至肾脏。而素食却可以起到让肾脏"休息"的作用，但肉食所包含着动物的血液，这无疑会加重肾脏负担。那么，肾病患者如果能坚持素食，就可减轻肾脏负担、维护肾脏健康。

二、减少癌症发病率。素食中由于含有大量纤维素，因此可以刺激肠蠕动加快，利于通便，使粪便中有害物质及时排出，这样就会大大降低有害物质对肠壁的损害。因此，素食者比肉食者患癌症的概率要低得多。

三、降低胆固醇含量。在素食的植物食品中，由于不含有对心脑血管构成威胁的有害物质，因此它可以减少心脑血管疾病的发生率。但是，肉食者就不同了，由于血液中胆固醇含量太多，往往会造成血管阻塞，造成高血压病、心脏病。

四、肥胖症。说起肥胖症，糖类、脂肪、蛋白质等无疑是罪魁祸首。尤其是肉类的脂肪与蛋白质，含有大约12%饱和脂肪或胆固醇。因此，肥胖者一定要改变自己的膳食习惯，为了身体的苗条与健康，不妨养成吃素的习惯。

五、排泄困难。经研究发现，促使人体正常排泄的纤维质，只有从各种素食品之中得到。而肉类由于纤维质极少的这个缺点，所以它在人体的消化管道之中移动得非常缓慢，常使人患上便秘。而素食的蔬菜里却拥有大量的纤维，而这种物质正足以预防便秘疾病。

素食虽然是维护人体健康的主要食物，但在"吃素"的同时一定要把握"营养均衡"原则。要知道，素食不等于健康，因为素食也需要明智选择，才能有效降低慢性病的风险。所以，在日常饮食中，别一味拒绝肉食，吃得过分清淡也会降低体质，使疾病更易乘"素"而入。所以，一些吃素的朋友，在一日三餐中别进入素食的营养误区，下面让我们详细了解一下：

误区之一，蔬菜生吃才有健康价值。现在有好多素食者，都认为生吃蔬菜才能充分发挥其营养价值，于是就十分热衷于以凉拌或沙拉的形式生吃蔬菜。殊不知，蔬菜中的很多营养成分，也是需要添加油脂才能很好地吸收。而且，不要忘了，沙拉酱的脂肪含量高达60%以上，它并不比放油脂烹调热量少。

误区之二，油脂、糖、盐过量。素食一般较为清淡，因此常有一些人会添加大量的油脂、糖、盐和其他调味品来烹调。殊不知，这些做法会带来过多的能量，要知道，精制糖和动物脂肪一样容易升高血脂，诱发脂肪肝。

误区之三，"减肥蔬菜"。减肥也不可以单调地只吃同样的蔬菜，如果只喜欢黄瓜、番茄、冬瓜、苦瓜等几种所谓的"减肥蔬菜"，是很难获得足够的营养物质的。因此，还多选择一些绿叶蔬菜，如芥蓝、绿菜花、菠菜、油菜、茼蒿菜等。同时，为了增加蛋白质的供应，还要吃一些菇类蔬菜和鲜豆类蔬菜，如各种蘑菇、毛豆等。

误区之四，吃过多水果并未相应减少主食。有很多素食爱好者，水果吃了很多，却没有带来苗条的身材。其实，这是由于他们在每天三餐之外，还要吃许多水果，而水果中含有8%以上的糖分，这就是起不到应有的效果的原因。

常"吃素"的人，平时不要忘了补充维生素 B_{12}，以及补充钙、铁与维生素 B 群。因为维生素 B_{12} 是维护人体神经的重要营养素，而且它主要存在于动物性食物中，因此，素食者也要偶尔吃点荤。

适量饮酒，健康常有

细心的人会发现，现在街上的"大肚男"越来越多，这些人的肚子多数都是喝酒喝起来的。酒精具有药物和食品两方面的功能，因而在一定的范围内饮用有利于健康。比如，一个成年人每天喝少量的酒，特别是红葡萄酒，有助于身体健康。但是，如果长期过量地饮酒则会促进衰老，并且会产生各种并发症，从而诱发疾病和死亡。

可以说，我国酒文化是盛名已久，人们只要三五聚在一起便会有一场豪爽的酒宴。平常的工作聚餐、喜庆婚宴、人情往来、家人团圆等，大大小小的聚会都需要美酒助兴。

历来就有许多医家将酒看成是良好的药物，认为酒为水谷之气，性热，入心、肝二经，畅通血脉，少饮有益。但是，在饮酒助兴之余，我们还要知道过度饮酒的危害。

下面让我们来盘点一下饮酒的主要危害有哪些。

一、消化道的疾病。经研究，消化道的疾病与长期大量饮酒有明显的关系。饮酒对消化道的黏膜可引起充血，从而导致食道发炎、胃炎和胃溃疡。特别是在食道癌、胃癌等的发病，嗜酒都是重要因素之一。

二、酒精性脂肪肝。肝是排毒的脏器，可是当酒精进入人体后，主要在肝脏进行分解代谢，因此酒精对肝细胞的毒性，便会使肝细胞对脂肪酸的分解和代谢发生障碍，从而引起肝内脂肪沉积并造成脂肪肝。因此，饮酒越多，脂肪肝也就越严重。并且，酒精性脂肪肝可直接过渡到脂肪性肝硬化。长期嗜酒引起肝硬化，是导致肝癌的重要因素。

三、"啤酒心"。有些人认为啤酒多喝一些无关紧要，殊不知，长期大量饮用啤酒可影响心脏健康，增加心脏负担，加重心肌缺血，诱发心肌梗死、心律失常。这是因为大量的酒精刺激可使心肌纤维变性，失去弹性，医学上称"啤酒心"。

四、韦尼克脑病。有些人，刚四五十岁就说话颠三倒四、手脚震颤，走路不稳，智力明显减退，却不知自己这是患上了什么病。其实，这是韦尼克脑病，也是长期大量饮酒的结果。韦尼克脑病，是由长期饮酒而引起的脑神经系统损害，由于1887年韦尼克医生首先报道了这种病，因而定名为韦尼克脑病。

五、"胎儿酒精综合征"。你也许不知道，酒精还是一种性腺毒素，过量饮酒可使性腺中毒。女性过量饮酒会导致性欲减退、阴冷、月经不调；男性体内酒精过多会使血液中睾酮水平下降、性欲减退、阳痿。如此，精子畸形，卵子的基因突变，于是结合后便会产生智能发育差、先天性缺陷、生长缓慢等"胎儿酒精综合征"的婴儿。

六、缺血性中风。长期大量饮酒，还可以使缺血性中风危险性增加20%～30%，因为饮酒不仅会使血压升高，也会使血黏度增高，红细胞柔韧性降低，血小板聚集性增加，从而易形成血栓。随着饮酒量增多，高血压的发病率也相应增多，饮酒可使原有高血压的病人发生脑部出血性中风，且多数病情较重，急性的死亡率极高。

七、骨质疏松症。有关专家认为，饮酒过度所引起的营养不良和吸收障碍，均能影响骨质形成和骨矿质化减少。日久会导致骨质疏松症。成人因酒精中毒引起的股骨头坏死约有以下临床症状：早期衰老、面目憔悴、消瘦、发痴；单侧髋关节疼痛、跛行，关节功能明显受限；X光片显示股骨头损坏，或局部骨质严重塌陷。

八、酒精性贫血。饮酒过量还可造成维生素B_1的缺乏，产生口腔炎、口腔溃疡，严重的还会引起酒精性贫血。

九、急性酒精中毒。酒精最显而易见的危害就急性酒精中毒。这种情况是一次饮酒过量引起急性酒精中毒。当血液中酒精浓度达50毫克时，人往往表现出语无伦次、哭笑无常；当血液中酒精浓度150毫克时，人往往表现为语言不清、意识模糊；当血液中酒精浓度250毫克时，人往往表现出昏迷、瞳孔散大、大小便失禁。

医学专家告诉我们，女性在月经期间应禁酒。这是因为月经期女性体内缺乏分解酶，如果一时喝得过多，将使处于醉酒状态的时间延长、酒醉感觉或症状也会更严重。因此，在月经期饮酒最容易上瘾，也容易引发酒精中毒。所以，当月经临近或月经期间，应当禁饮白酒。

此外，女性由于经期不断流血，身体较平时虚弱，抵抗力也较差，这时喝酒就会加快血液循环，从而导致月经量增多，如饮凉啤酒，还可能引起痛经等。所以，女性朋友应爱惜自己，经期时不要饮酒。

有人说，"我喝了这么多年的酒，到现在也没有出现什么问题"，其实，不是没问题，只是时候未到。有些危害要多年后才能显现出来，就像"文火煮青蛙"，年月越久，危害越大。

所以，聪明的人要知道：少饮一口酒，多喝一口汤，老来才能得健康。要健康要长寿，平时一定要尽量少喝酒。并且，在不得已多喝了几口酒之后，一定要及时吃一些可以缓解酒力的食物，把酒精带来的伤害减少到最低。

喝酒之前，适当的喝点葡糖糖口服液，葡萄糖口服液是解酒的。也可以喝些牛奶，这样会减少伤胃。喝酒之后，可以吃些西瓜，因为西瓜也可以解酒。

有一点要切记，喝酒的时候，最好别喝茶，都说喝茶是解酒的，这样的说法是不对的。

你知道吗？酒精与西药是一对不折不扣的"冤家"，因为酒（乙醇）可与许多药物发生化学作用而影响药物的吸收和药物代谢酶的活性；而且，某些药物还会干扰乙醇的正常代谢，造成乙醛蓄积中毒，可以说酒精是西药毒性的催化剂。

因此，服药前后千万别喝酒。对于大部分西药来说，如安定、阿司匹林、降糖药、抗生素等，遇到酒都往往会发生变化。所以，服完这些药后，就连那些含酒精度数低的啤酒、果料酒和滋补的药酒，也不能饮用。

大蒜是个宝，天天少不了

吃大蒜能杀菌消炎，能健脑益智，能提高免疫力，可以预防和治疗胃肠炎等疾病的功效。

大蒜被称为"健康保护神"。它是一种神奇而古老的药食两用珍品,德国是世界上首家大蒜研究所成立的地方。在德国,人人都爱吃大蒜,年消耗量在八九千吨以上,欧洲国家近年来还举办大蒜节。大蒜研究所负责人告诉我们:大蒜含有四百多种对身体健康有益的物质,其营养价值远远高于人参。

许多人都知道,经常吃蒜可以预防和治疗胃肠炎。大蒜对沙门菌等引起的细菌性痢疾有治疗作用;还能杀死如流行性脑脊髓膜炎病毒、流行性感冒病毒、乙型脑炎病毒、肝炎病毒、新型隐球菌(可致严重的脑膜炎)、肺炎双球菌、念珠菌、结核杆菌、伤寒、副伤寒杆菌、阿米巴原虫、阴道滴虫、立克次体等多种致病微生物。研究表明,蒜头中所含蒜氨酸和蒜酶,在胃中可生成大蒜素,具有较强的杀菌能力。

防癌作用。大蒜能阻断致癌物亚硝胺的化学合成,能抑制癌细胞生长,对癌细胞有杀伤作用。大蒜内含丰富的硒,能加速体内过氧化物的分解,减少恶性肿瘤所需的氧气供给,从而抑制癌细胞。科学家认为,大蒜对白血病、口腔癌、食管癌、胃癌、乳腺癌、卵巢癌等均有预防作用。

降血脂作用。大蒜具有一定的降低血脂的作用。

预防心脑血管疾病。大蒜能降低血脂,可降低血液的黏稠度,有明显的抗血小板聚集作用,因而可改善心脑血管动脉硬化，减少血栓形成的危险，使心脏病和脑中风（脑血栓和脑出血）的发作危险大为减少。

科学家已经成功地从大蒜中提取能预防高血压、防治缺血性脑血管疾病的药物。

增强免疫系统的作用。有动物实验表明，大蒜中的脂溶性挥发油能显著提高细胞的吞噬机能，有增强免疫系统的作用。

抗衰老作用。大蒜中含有蛋白质、脂肪、糖类、维生素及矿物质，具有预防血管老化、免疫力衰退等作用。大蒜提取物的体外抗氧化作用优于人参，其有效成分可以保护血管内皮细胞免受过氧化氢作用，对延缓衰老有一定作用。

对身体其他作用。大蒜挥发油可起到保护肝脏的作用，并能提高肝脏的解毒能力；大蒜还可促进胃液分泌，促进对维生素B的吸收，增进食欲；大蒜含有一种能刺激垂体分泌的物质，有助于控制内分泌腺，调节人体对脂肪和糖类的消化吸收，促进机体的代谢活动，可抗肥胖。国外有研究发现，大蒜能预防放射性物质对人体造成的危害，并能减轻由此带来的不良后果。

德国大蒜研究所发明了一种叫作"时间晶体"的全蒜提取物生物制品，这标志着人类对大蒜的利用再一次向前迈进了一步。虽然说大蒜对我们身体有这么多的好处，但是并不是吃得越多越有利。因为大蒜吃多了会影响维生素B的吸收，过多食用大蒜对眼睛有刺激作用，容易引起眼睑炎、眼结膜炎。

此外，大蒜味辛烈，刺激性和腐蚀性较强，因此不宜空腹食用。肝病患者、非细菌性腹泻、眼病患者不宜吃大蒜。

大蒜之所以能有这么多的功效，是因为它有蒜氨酸和蒜酶这两种有效物质。蒜氨酸和蒜酶各自静静地存贮在新鲜大蒜的细胞里，一旦把大蒜碾碎，它们就会互相接触，从而形成一种没有颜色的油滑液体——大蒜素。大蒜素有很强的杀菌作用，它进入人体后能与细菌的胱氨酸反应生成结晶状沉淀，破坏细菌所必需的硫氨基生物中的SH基，使细菌的代谢出现紊乱，从而无法繁殖和生长。

大蒜素遇热时会很快失去作用，所以大蒜适宜生食。大蒜不仅怕热，也怕咸，它遇咸也会失去作用。因此，如果想达到最好的保健效果，食用大蒜最好捣碎成泥，而不是用刀切成蒜末。并且要先放10~15分钟，让蒜氨酸和蒜酶在空气中结合产生大蒜素后再食用。

大蒜可以和肉馅儿一起拌匀，做成春卷、夹肉面包、馄饨等，还可以做成大蒜红烧肉、大蒜面包。德国还有大蒜冰激凌、大蒜果酱和大蒜烧酒等，不仅健康，而且味道也不错。用大蒜素提炼成的大蒜油健康价值也很高，可以抹在面包上吃或作为烹调油食用。

大蒜对人的身体有很多好处，但是不宜多吃，生吃比熟吃好，很多人不吃大蒜是因为害怕吃了口臭，影响与人交流。这里有一些小窍门，让你吃了没有口臭的担忧：1. 和蛋白质较丰富的食物一起吃。2. 漱口、刷牙。3. 喝咖啡、牛奶或绿茶。4. 咀嚼茶叶、喝茶。5. 多吃大枣清除口臭。6. 醋、酒也能除口腔异味。

天天吃醋，年年无灾

这句"天天吃醋，年年无灾"说的是醋对人类的重要性。醋在我国历史悠久，对人类健康起到很大的作用，既可以健身防病，还可以治疗疾病。

醋在我国的历史最早可以追溯到春秋战国时期，那时就出现了酿醋的专门作坊，而且还有了用醋治病的医生扁鹊，说明在当时对醋就已经有了相当高水平的认识。之后，酿醋业在我国不断得到发展，无论是原料的广泛性、工艺的科学性，还是产地的群体化、品种的多样化都遥居世界之先。

醋被人们大量地运用在生活中。炒菜时加点醋，可以保护蔬菜中维生素免受破坏，增加菜的鲜味；春、冬季节用醋熏一熏家里，可以预防感冒；夏、秋季节用醋加白糖制酸梅汤，可以生津止渴。醋还可以除去异味和污垢等。山西人很喜欢吃醋，这与山西大部分地区水质碱性较大有关，吃醋可以起到酸碱中和作用。现在山西人吃醋之风家喻户晓，并作为酒的代用品招待客人。目前山西年产醋上百万吨，有一半都在省内消化掉了，而且山西的老陈醋也是远销海内外。

醋为药用，一是在健身防病上，二是在对疾病的治疗上。

经常食醋能使人的胃液增加、食欲增强、消化加速、从而提高机体的抗病能力。醋有抗菌解毒的功效，喝醋可以预防肠道传染病的发生，治牛皮癣、脚癣、腋臭，治胆道蛔虫引起的腹痛，解蛇虫咬伤之毒和碱性食物中毒。醋还有降低血压和胆固醇的作用，对急性黄疸型肝炎也有一定的治疗效果。

醋还具有一定的抗癌作用。保宁醋总厂，原来是四川西北部癌症高发区，但是建厂50年没有一人死于癌症，它的机制被科学研究的结果所揭示。目前我国根据醋的作用已研制出抗癌醋、降脂醋、美容醋、保健醋等多个品种，并适用于不同的人群，均收到一定的效果，仅山西一省的醋就有5大系列60个品种。日本也研制出了以醋为主要成分的抗癌饮料，使醋亦药亦食的前景显得更加宽阔起来。

作为药用醋主要有三条途径：

直接作为药用，如用醋适量缓缓吞下，治鱼骨鲠喉；用醋泡手，连用1周治鹅掌风、灰指甲；用稀释过的醋适量注入肛门，连用3日治蛲虫病；每次口服醋10毫升，每日3次，治急性黄疸型肝炎；醋加冰糖溶化后每日饭后1汤匙，治高血压、动脉硬化等。

作为引经药，以发挥药的效力，使药能有效地达到效果。

用于中药的炮制，有些中药（如延胡索、鳖甲、龟板等）经过醋炙后以改善药物性能，增强疗效。醋浴是近年来出现的新用法，醋和水混合后洗浴，既能清除肌表的污垢，又能营养肌肤，达到美容的功效。这是醋具有的杀菌、抑菌、溶解表皮脱落的角质细胞功能的体现。如果把醋与各种中药配制后进行洗浴，还有降压、软坚、促眠、消除疲劳等各种不同的功能，时下流行的"国药健身浴醋"系列产品就属于这种制剂，很受国内外消费者的青睐。

上面说了这么多醋的作用，醋为什么有这些奇妙的作用呢？因为醋中含1%~5%的醋酸，老陈醋可达20%。这不仅是酸味的来源，而且是抑杀甲型链球菌、卡他球菌、肺炎双球菌、白色葡萄球菌、流感病毒等的武器，亦是醋具有健脾益胃药理作用的根据。醋中又含有维生素和烟酸等营养物质，为人的全身提供一定的养料。醋中还含有微量的酒精，可以产生少量的热能，供给人体。

醋虽然既是佐味佳品，又是治病良药，但也并不是人人都可以用的。因此,在食用和药用醋时有几点注意:外感风寒患者、胃及十二指肠溃疡患者、骨骼尚未发育成熟的小儿都不宜多食醋或不食浓醋。醋还不能用铜制器皿贮放和进行烹调,以免引起"铜中毒"。食醋后随时漱口,以免损伤牙齿。

经常食醋能使人的胃液增加,消化加速,从而提高机体的抗病能力。同时可以增加人的食欲,消除一些致病因素,进而使人少发病,保持健康的身体。

饭后一个梨,抗癌防便秘

梨也是人们最喜欢吃的水果之一。尤其是它含有大量的维生素能使人体细胞和组织保持健康状态的抗氧化剂,而且它所含有的"非可溶性纤维",可以净化肾脏、清洁肠道、预防便秘及消化性疾病。因此,长期便秘的人应多吃梨,有助于预防结肠和直肠癌。因而,民间谚语所流传的"饭后一个梨,抗癌防便秘"也是颇有道理的。

大家都知道,梨吃起来鲜甜可口、香脆多汁。但是,关于梨对人体的保健与抗病作用,可以大家还知之甚少。如果中老年人多吃梨,可以帮助净化体内器官、储存钙质,同时还能软化血管,促使血液将更多的钙质送到骨骼。

老人言

经测定，每100克梨中约含有3克的纤维素，它是非可溶性纤维，而这种物质可预防便秘及消化性疾病，还可以净化肾脏、清洁肠管。因此，长期便秘的人应多吃梨。

有一项调查结果，发现饭后常吃一个梨，有利于排出积存在人体内的致癌物；并且，那些加热后的梨汁，所含的抗癌物质更多。这是由于加热过的梨汁含有大量的抗癌物质——多酚。给注射过致癌物质的小白鼠喝这样的梨汁，发现小白鼠的尿液中，能排出大量1-羟基芘毒素，从而预防癌患。

经实践与调查显示，那些经常吸烟或吃烤肉的人，在体内会聚集很多强致癌物质——多环芳香烃。这些可怕的物质在吃梨后会显著降低。

有关研究人员曾对一些常吸烟的人进行了一次试验，让他们在4天内每天都要吃750克左右的梨，并且在他们吃梨前后，分别测试他们小便中多环芳香烃的代谢产物——1-羟基芘的含量。测定结果发现，在吸烟之后的6小时再吃一个梨，可使体内血液中1-羟基芘大量经尿液排出。但如果不吃梨，1-羟基芘毒素只能排出很少量。

梨鲜甜可口、香脆多汁，是一种美味的水果。不过，梨虽然很甜，但是它的热量和脂肪含量却很低，因此，极适合爱吃甜又怕胖的人食用。它也同苹果一样，还含有能使人体细胞和组织保持健康状态的氧化剂。

其实,梨素有百果之宗的美誉。它性微寒、味甘,能生津止渴、润燥化痰、润肠通便。因此,如果能在秋季每日吃一两个梨,不仅对秋燥症具有独特功效,还能帮助人体清热、安神,并且对失眠多梦有一定的辅助治疗作用。

如果你患有维生素缺乏症状,更应多吃梨。据测定,一个梨的维生素C含量是"建议每日摄取量"的10%,还富含维生素A、维生素B、维生素C、维生素D和维生素E以及钾元素。因此,对于贫血而面色苍白、患有维生素缺乏的人,多吃梨可以让你脸色红润。

中老年人,多吃梨利于养生。因为它可以帮助人体净化器官、储存钙质,同时还能软化血管,能促使血液将更多的钙质送到骨骼。

此外,用梨树叶晒干泡水可治疗尿道炎、膀胱炎及尿道结石。

梨虽然好吃,但也不能贪多,要根据自己的身体情况而定。因为梨性较寒,因此,对于有脾胃虚寒、腹部冷痛和血虚者,不可以多吃,否则易伤脾胃、助阴湿。对于一些患有风寒咳嗽、脾虚便溏者,也要慎食。

再说不同种类的梨,有不同的性质。像天津鸭梨与贡梨,性偏寒;而皮粗的沙梨和进口的啤梨,寒性更重。通常,鸭梨和雪梨常入药而用，因此在平时买梨时，不要忘了根据体质来选择。

梨不但可以生吃与熟吃，还可以加工制作梨干、梨脯、梨膏、梨汁、梨罐头等，也可用来酿酒、制醋，味道别具一格。并且，不同的吃法有不同的保健功效。

冰糖蒸梨是我国传统的食疗补品，可以滋阴润肺、止咳祛痰，对嗓子也有良好的保护作用。此外，加热过的梨汁含有大量的抗癌物质——多酚，因此，抗癌时应用加热的吃法；为了让肠胃更好地吸收，吃梨时最好细嚼慢咽。

将梨榨成梨汁，是爽口的饮品，如果加上胖大海、冬瓜子、冰糖少许，煮后再饮，对治疗体质火旺、喉炎干涩、声音不扬者，具有滋润喉头、补充津液的功效。

在人们热衷吃煎烤食品、快餐类食品的今天，饭后吃一个梨不失为一种值得推荐的健康生活方式。

梨籽对人体的保健作用也不容忽视。梨籽含有元素，可以预防妇女骨质疏松症。体内的硼充足时，还可以提高记忆力、注意力与心智敏锐度。而且，梨籽里还含有一种叫木质素的物质，它是一种不可溶纤维，可以在肠道中溶解，形成像胶质的薄膜，能拔除肠道里的胆固醇。

三天不吃青，两眼冒金星

日常饮食要多吃些绿色食物。这绿色食物主要是指青菜，它属于蔬菜中的绿叶类，它不但色泽明媚、鲜嫩味美，而且含有大量的维生素、矿物质及植物纤维。因此，它是人们合理的饮食结构中不可缺少的组成部分，更是蔬菜中的首选。

人们为什么说"不吃青菜眼冒金星"呢？这是因为，肉和主食可以提供蛋白质、脂肪和碳水化合物，但青菜却含有人体所需的维生素和矿物质的最重要来源。因此，成人每天应摄入300～500克蔬菜，深色蔬菜最好达到一半。

蔬菜的主要营养意义是为人体提供多种维生素和矿物质以及膳食纤维。它所含的维生素C和胡萝卜素非常丰富；而且，蔬菜含钾、钙、镁等矿物质较多，它在人体内的最终代谢产物呈碱性，能够及时和肉类、蛋类分解产生的酸进行中和，对维持体内的酸碱平衡非常有益。

此外，蔬菜还富含各种有机酸、芳香物质和色素等成分，使它们具有良好的感官性状，对增进食欲、促进消化、丰富食品多样性具有重要意义。由于维生素C不能在体内储存，所以，人们只有靠每天吃新鲜蔬菜水果才能满足身体的需要。

研究发现，在蔬菜中，那些深绿色的嫩茎叶类蔬菜含的营养素最丰富。光合作用越强、叶绿素越多的叶片，形成胡萝卜素的含量也越高。因此，深绿色蔬菜是胡萝卜素、维生素C、维生素B2、钙、铁、镁等各种营养素的好来源。据测定，每100克鲜菜中维生素C含量就有20毫克。

很多绿叶蔬菜还富含钙质，比如我们常吃的小油菜、芥蓝、木耳菜、苋菜等，每100克里面含钙量高达100毫克以上，因此，多吃青菜对于保证钙供应具有一定意义。

青菜营养丰富，是人们一年四季都可以享用的美食。但青菜在不同的季节。其营养价值也有所不同。一般来说，春季的青菜，味略淡而鲜，不但维生素含量丰富，含水量也特别高；夏秋两季节的青菜味略苦一些，但这时的青菜却富含对人体去暑降温作用的有机成分，吃了以后具有降邪热、解劳乏、清心明目、益气壮阳等作用；冬季的青菜往往略带甜味，这是由于冬天没有强烈的阳光照射，青菜与光合作用有关的营养物质逐渐增多。因此，这时的青菜含水量相对减少，淀粉类物质转化成麦芽糖成分，所以就带有甜味感。

人们为什么说"吃了青菜，一身轻快"呢？这句话不是凭空而来的，要知道，青菜除了可补充维生素，微量元素、纤维素之外，还有一个更有价值的作用——保健祛病。研究发现，一些青菜在保持健美身材、防治便秘，以及对头痛、失眠、心血管病突发等，都有很好的医疗作用；而且，还可以预防结肠癌、乳腺癌、前列腺癌、胃癌等功效。一个成年人如果每天进食500克蔬菜和水果，就可使肿瘤发病率下降三分之一。

此外，青菜在医疗保健方面，还有以下不可抹灭的功效：

一、糖尿病人最适合吃青菜，因为青菜中富含钾元素。由于糖尿病患者的胰脏已失去控制血糖量的功能，而胰脏的化学元素主要是钾，所以，青菜含有丰富的钾元素，对糖尿病患者有特殊价值。

二、多吃青菜可以减轻消化系统的负担，阻止糖类转化成脂肪的物质，这一功效对于热衷于减肥的人来说，是莫大的好消息。

三、青菜中含有大量粗纤维，食用后会与脂肪结合，防止血浆胆固醇形成，并且促使代谢物排出体外，以减少动脉硬化的形成，从而保持血管弹性。

四、青菜中由于含有大量胡萝卜素和丰富的维生素C，因而食用后可促进皮肤细胞代谢，防止皮肤粗糙及色素沉着，使皮肤细腻、延缓衰老。

五、青菜还有润肠效果，便秘的人不妨多吃一些。

绿色蔬菜的健康吃法：

青菜虽然营养丰富，但不易储藏，吃新鲜的才最好。如果买了青菜不及时吃掉，除口感欠佳外，还会损失大量的维生素。你也许不知道，从田里拔下来的青菜，虽然停止了生长，但它的内部仍进行着复杂的生物学变化和物理变化，这些变化导致青菜的营养成分和食用质量下降。因此，青菜不可久放。

此外，平时在食用菠菜、空心菜、茭白等时，还要讲究合理的吃法，才能起到应有的作用。因此，这类蔬菜的叶子带有涩味，而且含有较多草酸，这种物质会与钙和铁等矿物质结合，从而降低这些矿物质的生物利用率。因此，在食用时，可以先在沸水中焯1分钟，促使大部分草酸溶入水中，之后捞出炒食或凉拌。不过，还要注意的是焯菜时间过久会造成维生素C大量损失，所以应当严格控制时间。

炒青菜大有学问。要是炒不好，不但味道不好，色泽不对，营养价值也会大打折扣。因此，平时炒青菜要记住十二字诀："猛火快炒，宁可偏生，不可过火。"否则维生素C就会损失殆尽。

常吃葱，人轻松

经常吃些葱，对人的身体健康很有益处。葱是一种"特殊补品"，能补充人体所需要的多种元素。经研究发现，葱还是一种

"特殊药品"，能促进人体内新陈代谢功能的充分发挥，对人体具有良好保健作用。

大葱营养十分丰富，含有蛋白质、脂肪、糖类、维生素A、维生素B、维生素C，以及钙、镁、铁、磷等矿物质，大葱能补充人体所需要的多种元素，对人体的新陈代谢功能促进其充分发挥。

《本草纲目》中所述，葱白可"除肝邪气，安中，利五脏"，葱根"主伤寒头痛"。《本草图经》："凡葱皆能杀鱼肉毒，食品所不可缺也。"是的，经过长期实践人们发现，常吃葱可以解除很多疾病。如果平时不断吃些葱，对心血管硬化、胆固醇上升、便秘、肥胖者的身体健康也很有好处。由于大葱还含有挥发油，油中的主要成分是葱辣素，这是一种罕见的物质，具有较强的杀菌或抑制细菌、病毒的功效。因此，大葱可以有效地治疗伤风感冒，人一旦出现打喷嚏、流鼻涕的病症，即可取一段葱白咀嚼食用，出汗后便可除病。

大葱在民间还有"聪明草"之称，说是吃了葱人会变得聪明，因此有人把葱誉为"脑力劳动者的绿色补品"。现代医学研究也表明，多吃葱能补脑。此外，那些容易疲劳、失眠和神经衰弱的人，多吃葱，就可以兴奋神经而使人精力充沛。

经常吃些葱能降低血脂，使血糖和血压得以有效地降低。因为葱还具有消散血管内瘀血块的作用,它能很好地降低血液中胆固醇含量,防止血液不正常的凝固,从而防治动脉硬化。此外,多吃葱还可提高消化机能,因为大葱还有刺激人体汗腺有健胃作用,食用后有助于排出体内不干净的物质。因此,平时多吃些葱,对人体是非常有益的。

现在我们看一下大葱在日常生活中的妙用方法:

用葱白三段熬粥,制成"神仙粥",可治风寒感冒。葱是脑力劳动者的"绿色补品",经常吃葱可以补脑。将切碎的洋葱放置于枕边,有诱人入眠的神奇功效。烹调贝类虾蟹时,多放一些大葱,可避免过敏反应。

经常吃葱,可以御寒健身。

我们知道平时多吃葱,对人的身体健康是很有益处的。特别是在春季,多吃一些葱可以预防呼吸道传染病、伤风感冒以及肠胃疾病等。

春季多吃大葱,可以把肠胃积下的污垢、毒素及浊气等有害物清除出去;而对一些患有贫血、低血压的人多吃些葱,则可以补充能量。这是由于葱在人体内可以从事"清扫"和"加油"的工作。

我们知道,春季是细菌滋生最活跃的时期,这时你稍不注意就会发生细菌性中毒或感染疾病。不过,你这时只要能多吃一些葱就可以解除这个顾虑。因为葱里含有的植物杀菌素，具有很强的杀菌作用，特别对痢疾杆菌与皮肤真菌的杀伤力最为明显。此外，春季吃葱，还能预防春季呼吸道传染病，以及减少患伤风感冒的机会。

关于春天吃葱治病的疗方，有两个食葱预防感冒的食谱：

一、治风寒感冒。选用备料，葱白30克，鸡肉500克，生姜15克，粳米100克，芫荽10克，红枣6个。做时，先将葱、芫荽洗净、切碎；红枣去核，粳米洗净；生姜去皮、切碎；鸡肉洗净、切块。一切准备好之后，就可以将鸡肉、粳米、生姜、红枣先放入锅内，并加上适量的水用武火煮沸，之后再用文火煲1小时，待熬粥成时再放入葱白、芫荽，调味服用即可。

二、葱姜水泡足防感冒。取葱白、生姜等量，捣烂，放入脚盆内，之后再冲入沸水1500毫升，等5分钟之后，将双脚放入盆中，一般可洗泡5～10分钟，再用双手揉搓脚心2～3分钟，即可。

三、治感冒头痛发热。连根葱白15根和大米50克煮粥，加入醋10毫升，一日3次。

立春前后的葱，营养丰富，也最好吃。这时也是人体新陈代谢最旺盛的时候，对大葱的需求很多。因而这时多吃葱，可以提高消化功能，从而把胃肠内积下的污垢清除干净。

不过，由于葱性辛辣，于是平时容易出汗或患有各种眼病的人，不宜食之。此外，对于患有急性病感染，或妇女带下黄臭以及月经过多等各种出血症者，也要尽量不食葱。

青菜豆腐保平安，山珍海味坏肚肠

新鲜豆腐含有丰富的营养，尤其含有大量的谷固醇，有抑制胆固醇的作用；而且豆腐有消渴的作用，是糖尿病人的良好食品。民间还有"豆腐得味，远胜燕窝"的说法，所以，豆腐是人们喜欢而又能多吃的美食。再说，一些新鲜的青菜，往往含有人体所需要的多种维生素，并且有的青菜含有的有机成分还可以抗病抑病，因此多食青菜也有益于身体的健康。

俗话说"青菜豆腐保平安。"豆腐被誉为"东方龙脑"，它由西汉淮南王刘安所发明，在很多中医书籍中都有记载："豆腐，味甘性凉，具有益气和中、生津解毒的功效。"因此，豆腐不仅是味美的食品，还具有养生保健的作用。现在豆腐可以做成许多美食，可以炖着吃，也可以炸着吃，还可以做成冷盘、热菜、汤羹、火锅等样样皆能，所以民间又有"豆腐得味，远胜燕窝"的说法。

研究发现：豆腐和豆浆的营养不亚于牛奶，豆腐的蛋白质和钙的浓度甚至高于牛奶，而含铁量是牛奶的 10～20 倍以上；而且，豆腐所含有的蛋白质可与鱼肉相媲美，是植物蛋白中的佼佼者。再加上豆腐中的钙和铁具有较高的吸收率。因此，大豆食品是具有补钙、预防骨质疏松等功能的最好的保健食品。比起牛奶和其他补钙药，豆腐的价格却要便宜得多。所以，很多豆制品是物美价廉的"最佳保健食品。"

为了身体健康，每两天至少应食用半块以上豆腐。中国传统的大豆发酵食品，如豆豉、腐乳等就含有活性很高的功能性大豆多肽。科学研究表明，由于亚洲人的膳食中含有更多大豆制品，因此在心血管疾病、乳腺癌、前列腺癌的发病率要比西方国家人低得多。此外，大豆油脂所含的亚油酸，是人体所必需的主要脂肪酸，而且不含胆固醇，食用以后不但有益血管与大脑的发育生长，而且还可以预防心血管病、肥胖病等常见病的发生。

近年来人们还发现，大豆的蛋白经酶水解后，可以产生出具有抗氧化、降血压及提高免疫力作用的多肽，而这种叫多肽的物质，具有降低血糖、血压、防止动脉硬化的功能。此外，豆腐对消渴有一定作用，是糖尿病人的良好食品；而且还可以解酒精中毒。因此，平时多吃豆腐，让我们在享受美食的同时，又达到了养生保健的目的。

青菜豆腐保平安，这是人们对青菜与豆腐营养与保健价值的赞美。上面我们已经述说了多吃豆腐对人体的益处，那么，平时常吃青菜又会给我们带来哪些好处呢？下面让我们来详细了解一下。

一、延缓衰老。你也许不知道，常吃青菜有延缓衰老的作用，这是因为青菜中含有大量的胡萝卜素和大量的维生素C，这些营养物质在进入人体后，就能促进皮肤细胞代谢，可以防止皮肤粗糙及色素沉着，从而使皮肤变得润滑、亮洁。

二、强身健体。经研究，一个成年人如果每天能吃500克青菜，就可以能满足他身体所需的一些维生素、胡萝卜素、钙、铁等，因为青菜是含有丰富的维生素和矿物质，因此，常吃青菜可以保证身体的生理需要提供物质条件，还有助于增强机体免疫能力。

三、防癌抗癌。你也许不相信，青菜还有抗癌的作用。因为在青菜里所含的维生素C，在进入人体内之后，会形成一种"透明质酸抑制物"，而这种物质就具有抗癌的能力，它可以使癌细胞丧失活力。并且，青菜中含有的粗纤维，还可促进大肠蠕动，从而增加大肠内毒素的排出，达到人们防癌抗癌的目的。所以，你可别轻看这些不起眼的青菜，它可是维持你身体健康的美食。

四、保持血管弹性。我们知道青菜中大都含有大量的粗纤维,但就是这些粗纤维进入人体后,与脂肪结合,从而成为防止血浆胆固醇形成的卫士,促使胆固醇代谢物——胆酸得以排出体外,可以有效地减少动脉粥样硬化的形成,从而保持血管的畅通与弹性。

豆腐,起源于西汉,原产地安徽八公山。经过一千多年的烹饪膳食,人们把这道"寻常菜"变为"华宴席上的珍品"了。因此,现在的豆腐可以做成诸多美味可口的小吃。"青菜炖豆腐"可是民间流传千古的小吃,现在让我们也享用一下它的美味与做法。

具体操作:将油放锅烧热后,放入姜蒜爆锅;将豆腐块下锅,煎炒片刻之后,加适量热水;待水烧开后,再下入虾干等,改为中火炖煮3分钟;最后,加入青菜叶,再用大火烧开,放入适量的盐、味精和葱花,出锅即可。

最后,还要提醒一下,在将青菜入锅后,就无须盖锅盖了,因为这样能保持青菜的颜色翠绿和口感爽脆。

豆腐虽然营养价值很高,但如果将它单独食用,就会降低蛋白质的利用率,而且营养成分也会大打折扣。因此,需要搭配一些别的食物,才可以使人体更充分吸收利用豆腐中的蛋白质与其他营养。经研究,一些蛋类、肉类中的蛋氨酸含量较高,可以与豆腐混合食用。所以,在做豆腐时加入一些肉末,或是用鸡蛋裹豆腐油煎，便能更充分地利用其中所含的丰富蛋白质，提高食用的营养档次。

早晨喝杯淡盐汤，胜过医生去洗肠

每天早晨起床空腹时，喝一杯淡淡的盐开水，对人体有保健作用。别小看这杯放了些许盐的水，喝了它不仅可以帮助你清理胃火，消除你口中无味与口臭的现象，还可以增强你的消化功能，增进食欲，清理肠部内热，具有洗肠的功效。

食盐是我们最常用的日常调味保健品，而食盐所具有的医用效果却鲜为人知。其实，食盐不但在我们的一日三餐中不可缺少，它还要治病保健的作用。比如，民间谚语所流传的"早晨喝杯淡盐汤，胜过医生去洗肠"，说明这种在早上喝杯盐水的保健方法，在我国古代就早已使用了。那么，它究竟具有哪些方面的作用呢？

首先它可以清理胃火，促进消化。如果能在早晨空腹时，饮淡盐水一杯，不仅可清理胃火、消除口臭现象，还能增强消化功能、增进食欲、清理肠部内热。此外，倘若老年人或儿童由于肠胃热重，大便秘结，那么，常饮用一些盐水，就可起到消热通便的功效。

我们知道，当我们的身体经过一夜的休整，体内水量处于最低状态，这时就需要及时补给大量的水分。但如果能在摄入的水中加一点食盐，以微有咸味为度，则可以达到健肾固齿、清亮眼目、增加胃肠道的蠕动，以及清肠洗胃的效果。

年轻人由于经常熬夜，导致体内上火，或者是由于在饮食偏爱油炸与辛辣等厚重味道，而使嘴里长泡、喉咙干痛、声音嘶哑。那么，不妨在每天早晨起床后喝一杯淡淡的盐水，这样就可以帮助你减轻咽喉部的炎症，消除红肿，还可以帮助清理肠胃、排出毒素。

清晨空腹喝淡盐水的好处很多，具体来说有以下几点。

对于一些患有冠心病和脑动脉硬化者来说，平时多喝些淡盐水也是有好处的。这是因为食盐里含有大量的矿物质和多种微量元素，如果能在清晨时饮用一杯淡盐汤，则可以有效地清除和减少血管壁沉积的胆固醇，从而很好地降低血黏度和防止血栓的形成，还可以起到调节血管的舒缩功能。因此，对于血管疾病者来说，不妨养成早晨喝一杯淡盐水的习惯，从而保证身体的健康。但是一定要谨记，所饮用水一定要很淡很淡的。

对于习惯性便秘者来说，早晨喝上一杯淡盐水也是大有好处的。因为这杯水不但能促进你的肠胃蠕动，还可以帮助你清除肠壁上存留的废物，有助排便，从而解除你大便干结、排泄困难之苦。

　　淡盐水对于慢性肾炎者来说也是有益的。如果你没有明显的浮肿症状，那么，你也可以在清晨喝一杯淡盐开水，如果再加服一些六味地黄丸，则还会提高疗效。不过，一定要掌握好盐水的浓淡程度，盐分不可过高，否则适得其反。最好以一小杯中放几颗盐粒，使其稍有咸味即可。

　　此外，每日清晨喝一杯淡盐水，还可以健肾固齿，目清眼亮。水量主要根据自己的体重来适量饮用，一般应在300～500毫升之间，才能满足机体的正常需要。不过，应该注意的是，不论什么情况，盐量都不宜过多，以防起到反作用。

　　虽然早晨喝淡盐水好处很多，但是对于一些糖尿病、高血压患者，还是要慎重的。一般来说，高血压患者也不宜喝过多咸味重的水，因为这种水中所含的钠会导致血压升高；此外，盐水与蜂蜜水也不适合糖尿病患者，否则会加重肾脏负担。

　　这些有特殊疾病的人，早晨只要喝不太冷的白开水就可以了。不过对于高血压患者，即使只喝白开水，也要讲究方式。如果你认为夏天出汗太多，应多补充水才能保证健康，这是没错的。但是不要忘了，还应防止一次性喝下太多的水，尤其是纯净水，会很快进入血液，引起血压升高。

　　高血压病人，喝水要慎重，要保证每天三个时段有水喝：

一、在每天晚上睡觉前半个小时内一定要饮水,以防止晚上因为水分散失,而导致血液黏稠。

二、在半夜醒来上厕所时,一定要记得再补充一杯水。

三、早晨一觉睡醒后,还要再来一杯水,避免血液黏稠引发血栓。

不过,平时饮用的白开水一定要新鲜,不能过凉,一旦过夜之后就不宜饮用了。要知道,那些储存过久的凉白开往往会被细菌感染,并产生一种叫"亚硝酸盐"的致癌物质,这种物质一旦进入人体,就会使血液中的红细胞,失去携带氧气的作用,从而导致组织缺氧,出现恶心、呕吐、头痛、心慌等症状,严重的还能使人因缺氧而致死。所以,平时饮水也需要小心。

早晨喝盐水,晚上饮蜜水,可以消除胃肠中一天饮食的热结。所以,一旦体内的热结解除,你就不会有便秘,更不会有消化不良的情形;而且,由于蜂蜜有养脾气、除心烦的功用,因此它还能使你宁神安睡、梦意酣畅。

铁锅是个宝,家中不可少

常使用铁锅烹调食物,可以增加人体铁的摄入量,这是由于用铁锅烹调的食品中所含的铁的数量会增多,这也许是由于铁锅

老人言

上的一些微小铁屑的脱落和铁的溶出所致。不过,有一项科学研究也表明,用铁锅烹饪蔬菜可以大大地减少蔬菜中维生素C的损失,这又可以为饮食多一些营养。因而,对于预防缺铁性贫血或补充铁元素来说,用铁锅烹调烧菜或做其他膳食对人体是大有裨益的。

近年来由于电炒锅、铝炒锅等一些现代化的炒锅应运而生,使许多家庭都舍弃了用铁锅做饭的习惯。与一些现代化的锅相比,铁锅往往显得很笨重,并且也不易清洁,因而很多家庭都不愿意再使用它了。其实,这种做法不妥。殊不知,用铁锅烹饪的食物,可以补充人体必需的铁元素。

如果长期不用铁锅炒菜,对人体的健康极为不利。一个首要原因就是会引起缺铁性贫血。这是因为在你用铁锅烹调菜肴的过程中,铁锅上会有较多的铁元素溶解在食物内,为人们源源不断地供应所需要铁质。

食用铁锅做的食物后既补充了食物本身含铁不足的部分,又吸收了铁锅所产生的铁元素,从而便可以很好地起到防止缺铁性贫血的作用。

用铁锅烹饪蔬菜,能大大地减少蔬菜中维生素C的损失;而如果用铝锅炒菜虽也能保留较多的维生素C,但易溶出的铝元素却会对身体健康极为不利。而且,研究者曾经用黄瓜、番茄、青菜、卷心菜等 7 种新鲜蔬菜做实验，发现使用铁锅烹熟的菜肴，保存维生素 C 含量明显高于使用不锈钢锅和不粘锅。所以，从增加人体维生素 C 摄入和健康考虑，烹饪蔬菜首选的是铁锅。

调查发现，目前贫血发生率较高，特别是儿童群体，贫血约占 50%。因此如果家中有贫血的患者，更以使用铁锅为宜。用铁锅煮洋葱时，如果只放油不放盐，当煮到 5 分钟之后，洋葱的含铁量可增加 2 倍；如果炒洋葱时，加入食盐和番茄酱，煮 20 分钟之后含铁量可增加 11 倍；如果加入食醋之后再煮 5 分钟，那么，含铁量可增加 15 倍之多。用铁锅炒菜也得掌握一定的技巧，才能为身体带来更多的健康。

一、使用铁锅烹饪也是有讲究的。首先，应注意饮食结构及烹饪方法，在防治缺铁性贫血时，不应该把铁锅烹调当作唯一的方法，而要调整膳食的结构，多选择一些食用富含铁的食品。并且，平时在用铁锅炒菜时，要急火快炒，少加水，以减少维生素的损失。

二、铁锅膳食虽好，但也并非什么食物都可以用它煮熟。比如煮绿豆就不宜用铁锅，因为绿豆皮中所含的单宁质，在遇到铁后就会发生化学反应，从而生成黑色的单宁铁，并使绿豆的汤汁变为黑色，从而影响味道及人体的消化吸收。此外，像煮杨梅、山楂、海棠等一些酸性食品，也不宜用铁锅。这是因为这些酸性食物中含有较多的果酸，而这些物质遇到铁后，就会引起化学反应，从而产生低铁化合物，这种物质人吃了之后往往会引起中毒。

三、在使用铁锅炒菜时，还应该注意尽量不要使用像铝铲等一些铝制的用品。而要选用铁铲或不锈钢铲，这是因为铝制的炊具，质地较软，在铁锅中翻炒时易于磨损，掉在菜中，这样人吃了后会危害健康。

四、平时当用铁锅烹调有腥味的食物时，比如鱼、虾等，极易使铁锅染上腥味，怎么办呢？你可以用些许白酒涂擦一下，或用茶叶加点儿水略煮一下，即可除去腥味。此外，平时尽量不要用铁锅煮汤，以免铁锅表面保护其不生锈的食油层消失。

五、一般来说，普通铁锅大都很容易生锈，那么，长期使用之后，人体就会吸收过多的氧化铁，这种物质就是我们说的铁锈，它会对你的肝脏产生严重的危害。因此，为了健康，平时不要养成用铁锅装盛食物过夜的习惯。

六、清洗铁锅要讲究方法。一般刷锅时，应尽量少用洗涤剂，以防保护层被刷尽。而且，每次刷完锅后，还要尽量将锅内的水擦净，以防生锈。如果有轻微锈迹，可用醋来清洗一下。

当然，如果你经常食含铁的食物，即使长期用铝锅烹调，也不会引起体内缺铁。不过，如果你平时食用的食物本身含铁量就低，那么，再又长期不使用铁锅做菜，就会很容易发生贫血的。

使用铁锅烹饪食物，虽然对身体健康大有好处，但是在使用铁锅的溶出量控制却不是一件容易的事。因为铁锅中的铁在人体吸收率较差，因此也就很难用于铁缺乏和人体缺铁性贫血的治疗和预防。再者，也无法估计每天通过使用铁锅烹调，使自己的身体增加了多少膳食铁的摄入量。

使用铁锅最好不要使用生铁锅，因为这类的铁锅都含有一些杂质，而易被氧化，形成其他氧化物，从而影响补铁的效果。而相对于生铁锅来说，一般的精铁锅传热比较均匀，不容易出现粘锅现象，因此，使用的效果相对较好。

并且，由于精铁锅用料好，锅可以做得很薄，这样锅内温度，就可以达到更高，所以做出来的菜肴才会又鲜又香。

春季养肝，食补为先

春季气候渐暖，阳气升发，万物新生，正是调养身体五脏的大好时机。而按中医理论，肝属五行之木，春木旺，肝主事，因此春季护肝尤为重要。但俗话说"药补不如食补"，因此，民间似有"春季养肝,食补为先"之说。

肝是人体中的最大腺体,犹如一个"化工厂",它不但具有代谢、肝汁分泌、解毒、凝血、免疫、热量产生及水与电解质的调节等功能,在中医里又是"四肢的根本,藏魂之所在"。因此,肝功能在五脏中是非常重要的。再说,在中医理论中肝属五行之木,春木旺,肝主事,因此春季护肝尤为重要。

养阳益肝是首要,以防肝脏淤滞不畅,有"春季养肝以食为先"的原则。若从现代营养学的角度来看,早春二月的膳食原则应该是高蛋白、高维生素、充足热量的均衡膳食,就是要根据个人的具体情况适当地增加蛋白质高的食物,结合春季万物萌生,正是调养好肝脏的大好时机。

春季三月是阳光明媚的季节,也是万物萌生的阶段,春季养生以补肝为先。现在我们就介绍几种春季养肝的方法:

一、以脏补脏,鸡肝为上

春季补肝为什么要首选鸡肝呢?这是因为鸡肝味甘而温,可补血,温胃,是食补肝脏之佳品。食用时,可选新鲜鸡肝3只、大米100克,洗净后一同煮成粥食用即可,食之后可治疗老年人肝血不足,饮食不佳,眼睛干涩或流泪。

二、补肝血,食鸭血最好

鸭血也可以补肝。其实,鸭血不但性平,而且营养丰富,而肝主藏血，可以起到以血补血的作用。食用时，可选上好的鸭血 100 克、鲫鱼 100 克、白米 100 克，之后同煮粥服食之发即可。别小看这款食疗，它不但可以养肝血，还可以辅治贫血，而且它还是肝癌患者的保肝佳肴之一。

三、以味补肝，首选食醋

食醋也可以养肝，这是因为食醋不但具有平肝散淤、解毒抑菌等作用，而且它味酸而宜入肝。特别是那些患有肝阳偏亢的高血压老年人，如果每日用食醋 40 毫升，加温水冲淡后饮服，每日 1 次，就可以起到医疗的作用。

四、舒肝养血，菠菜为佳蔬

菠菜是春天的应时蔬菜，它具有滋阴滋燥、舒肝养血等作用。因此，春天常吃菠菜对肝气不舒并发胃病的人有辅疗的作用。

五、猪肝补肝，乌发明目

对于那些肝肾亏虚、精血不足而经常头昏眼花、视力减退、须发早白以及腰腿疲软的人，在春天补肝时可多吃一些猪肝。这是因为猪肝营养丰富，可以起到以肝补肝的作用，而食用时如果再掺入木耳，就具有补肝肾、益精血，乌发明目的功效。

此外，春季补肝还应尽量少吃辛辣食品，而要多吃一些新鲜的蔬菜、水果；并且要做到平衡食物中的蛋白质、碳水化合物、脂肪、维生素、矿物质等，要保持相应的比例；同时，还保持五味不偏；并且，避免暴饮暴食或饥饱不匀。在初春时节，寒气较盛，可以适当地少量饮酒，以利于通经、活血、化淤和肝脏阳气之升发。但是，切不可贪杯过量，因为肝脏代谢酒精的能力是有限的，多饮必伤肝。

养肝还要少发怒。这是因为肝喜疏，恶郁，故生气发怒易导致肝脏气血淤滞不畅而成疾。所以，平时要学会制怒，尽力做到心平气和，使肝火熄灭，使肝气正常生发、顺调。因此，乐观开朗、怡情养性也可以达到护肝保健的目的。

热天一块瓜，强如把药抓

西瓜不但营养丰富、凉甜可口，而且还是一种能治疗多种疾病的良药，具有清热解暑、止渴除烦等疗效。在大热天"苦夏"吃不下饭时，身体消瘦的人，如果能吃上一块西瓜，不仅可以开胃还补充营养。

在中医里，西瓜有"天生白虎汤"之誉。《本草求真》里说："西瓜内瓤，今人遇直三伏天燥，不论男妇大小，朝夕恣食，诚以燥渴之极，得此味甘色赤，能引心包之热，下入小肠膀胱而出，令人心胸顿冷，烦渴冰消，故书载治太阳，阳明胃中渴及热病大渴等病宜投。"

是的，西瓜不但营养丰富、凉甜可口，而且瓜瓤中还含有人体所需的各种营养成分。现代研究得知，西瓜可治中暑发热、热病伤津、口渴咽干、头胀胸闷、小便短赤及口疮、咽喉炎、牙肿痛等病；并且对慢性肾炎有一定的疗效。

据测定，在每一百克西瓜中就含有水分94.1克，蛋白质1.2克，糖4.2克，热量22千卡，胡萝卜素0.7毫克，钙6毫克，铁0.2毫克，并且还有其他的营养成分。所以，当人们在"苦夏"吃不下饭时，吃一块熟透的西瓜，即可开胃且补充营养。

西瓜还是一种能治多种疾病的良药。它不但具有清热解暑、止渴除烦、通利小便、利咽解酒的功效，热天中暑以及口患热疮或者喝醉酒的人，饮用一定的西瓜汁，可以很快减轻症状。而且，它所含的糖、盐类和酶，有治疗肾炎和降低血压的作用，瓜中的苷有降低血压的作用。.

此外，用干西瓜皮40克与鲜茅根60克一起煎汤分3次饮，能使肾炎病人小便通畅，水肿消除。

西瓜虽好但不宜多吃，特别是体虚胃寒、消化不良者和小儿尤要注意。因为西瓜性寒，在《随息居饮食谱》中说："多食积寒助湿，每患秋病，牛寒多湿，大便滑泄，病后、产后均忌之。"所以，面对甘甜的西瓜如果贪食过多，就易伤脾胃，引起腹痛、腹泻、食欲下降等不适之症。

夏天一碗绿豆汤，解毒去暑赛仙方

中医认为，绿豆味甘、性寒，入胃、心及肝经，食用后有清热解毒、利水消肿、清暑止渴等功效。因此，明代大医家李时珍赞其为"真济世之良谷也"。还有清代的王士雄在他的《随息居饮食谱》中说："绿豆甘凉。煮食清胆养胃，解暑止渴，润皮肤，消浮肿，利小便，止泻痢，醒酒弭疫……"所以，民间一直流传"夏天一碗绿豆汤，解毒去暑赛仙方"之说。

民间广为传说"绿豆能解百毒"，在《随息居饮食谱》说它"生研绞汁服，解一切草木金石诸药，牛马肉毒"。《本草用法研究》也说："毒邪内炽，凡脏腑经络皮肤脾胃无一不受毒忧……无不用此（绿豆）奏效。"的确，绿豆的解毒力很强，能解酒毒、野菌毒、砒霜毒、丹石毒、药物毒等多种毒性。

在平常生活中，如果不慎发生了中毒的情况，附近又无医院可以抢救时，就可以绿豆救治。《随息居饮食谱》说："绿豆粉……新汲水调服，解砒石、野菌、烧酒及诸药毒。"

在炎热的夏季，人体内的阳气最旺，这个时候人们往往会吃很多寒凉的东西，损伤阳气。而绿豆虽性寒，可清热解暑，同时有养肠胃、补益元气的功效，是夏天的济世良谷。

绿豆中含有大量的蛋白质、磷脂，这两种物质可以兴奋神经、增进食欲，可以为机体许多重要脏器增加所需营养。而且绿豆对人体内的葡萄球菌以及某些病毒有抑制作用，所以，它能清热解毒。绿豆还可以防治冠心病、心绞痛，这是因为绿豆中的多糖成分能增强血清脂蛋白酶的活性，使脂蛋白中甘油三酯水解，达到降血脂的疗效。

此外，绿豆中还含有一种球蛋白和多糖，这种物质可以促进动物体内胆固醇在肝脏中分解成胆酸，并能加速胆汁中胆盐分泌并降低小肠对胆固醇的吸收；而且，绿豆含有丰富的胰蛋白酶抑制剂，可以保护肝脏，减少蛋白分解，从而保护肾脏。因此，绿豆可是人体健康最得益的食物之一。

说起绿豆的食疗作用，其实很广：

腮腺炎初起，可用绿豆2两煮水，待绿豆熟时加入白菜心两个，再煮一会儿之后，盛汁饮用，一天2次，连服3日便可消散。

在夏天，用绿豆加水熬成汤，或者是加米煮成粥，食用可解暑除热。如果将绿豆与荷叶一起煮粥加白糖，可消热疖红肿、止痱痒。

用绿豆炖精肉吃，可医治风火牙痛。此外，一切痈肿初起，用生绿豆捣碎，也可加牙皂同研，调醋敷患处，皮破者油调，非常有效。

绿豆除了清热、去毒还是贴心的美味补品。

绿豆薏米粥：选上好绿豆20克、薏仁20克，冰糖适量。做时将薏仁及绿豆洗净后，用清水浸泡隔夜；次日将薏仁加3杯水放入锅内，大火煮沸后，改用小火煮半小时，再放入绿豆煮至熟烂；最后，加入冰糖调味即可。常食之有清热补肺、消暑利水、美白润肤的功效。

绿豆排骨汤：选上好的排骨350克、红枣50克、绿豆50克、姜10克、清水1200克、盐5克、鸡精3克、糖1克。做时先将绿豆洗净待用，接下来将排骨汆水，红枣洗净，姜切片，洗净锅上火，放入清水、排骨、姜片、绿豆、红枣，大火烧开。之后，转中火煲45分钟调味即成。

常食用具有补血、养心、安神的功效。

另外，绿豆芽也有很多的食疗作用，它可以解酒毒、热毒、利三焦。绿豆芽富含粗纤维素和维生素C，可治便秘和牙龈出血。此外，用绿豆芽炖鲫鱼食用，可帮新妈妈催奶，使乳汁分泌多。

绿豆虽然有诸多好处，从中医的角度看，寒症的人不要多喝，而且一些体质虚弱的人也不要多食用。另外，由于绿豆具有解毒的功效，所以正在吃中药的人也不要多喝。

每顿八分饱,身体不显老

一个人每天都要吃东西,所谓"吃饭是第一件大事"。可是吃多少,却是一个值得注意的问题。这方面的健康论述有很多。

孔子主张"食勿求饱"、"节食安胃"。西晋《博物志》中说:"所食愈少,心愈开,年愈益。所食愈多,心愈寒,年愈损。"孙思邈在《千金要方》中告诫人们:"饮食过多,则结积聚;渴饮过量则成痰。"又说:"不欲极饥而食,不欲极渴而饮。"《养生避忌》一书说:"善养生者,先饥而食,食勿令饱;先渴而饮,饮勿令过。食欲数而少,不欲顿而多。"《黄帝内经》中谈到古人"尽终其天年,度百岁乃去"的原因,就是"饮食有节"。《类修要诀》中说:"节饮自然脾健,少餐必定神安。"《管子》指出:"起居时,饮食节,寒暑适,则身利而寿命益。"这些论述均说明,古人已经发现节制饮食可以长寿,每餐过饱会使人短寿。这种认识非常正确,已为现代科学所证实。

有这样一句谚语:宁可撑死人,也不占着盆。意思是说,即使你已经吃饱了,可是为了不占餐具,一定要把这顿饭吃得一点不剩才行。实际上,这种做法是不科学的。科学的做法是"宁可锅中存放,不让肚子饱胀",剩饭占着锅没关系,把身体撑坏可就划不来了。

要想身体好，吃饭不过饱。大脑是无节制饮食最大的受害者。吃得过饱时，会使大脑反应迟钝，加速大脑的衰老。

我们可能有过这样的感觉：吃得过饱，精神恍惚，昏昏沉沉，这是为什么呢？这是因为吃得过饱，肠胃负担过重，血液都去支持肠胃了，从而导致大脑供血不足，得不到足够的能量维持正常运转，所以才会出现精神恍惚等症状。

科学家对大脑的研究发现，吃得太饱后，"纤维芽细胞生长因子"就会在大脑中快速增长，而这种因子恰恰是引起脑动脉硬化的"罪魁祸首"。长期"饱食终日"，这种物质在大脑中越积越多，达到一定量时，大脑动脉就会硬化，而脑动脉硬化又是老年痴呆症的根本原因。因此，节制饮食，可以预防老年痴呆症的发生。

除了预防老年痴呆症外，节食还可预防多种疾病，如高血压、冠心病、脑血栓、糖尿病等，这些难以治愈的疾病均与高脂肪、高胆固醇、高热量饮食有关。

科学研究表明：假如人不患病或者无意外伤害，可以活到110岁；若限制热量的摄入，则有望活到170岁，而且实施越早对健康越有益。

我们不仅要注意饮食卫生，也应注意食后的保健，如漱口、散步以及掌握食后各种保健常识。注意食后保健，能有效地增强人体的消化功能，减少和避免消化不良现象的产生。

1. 食后漱口

早在汉代，医圣张仲景就在《金匮要略》中指出："食毕当漱口数过，令牙齿不败，口香。"说明进食后漱口，有益于口腔清洁和牙齿坚固，且能保持口腔的湿润度，对防治口腔和牙齿疾病有一定的作用。

经常漱口还可刺激舌上味蕾，增强味觉功能。漱口还可刺激口腔消化腺分泌消化液，有助于增进食欲和帮助消化。漱口必须持之以恒，且每食必漱。每次漱3～5遍，尤以淡盐水为佳。

2. 食后不宜立即喝茶

饭后立即喝茶，会冲淡胃酸。又因茶叶中含有大量的单宁酸，当它进入胃肠道后可与食物中的蛋白质结合使之凝固，而影响蛋白质等营养物质的消化与吸收。故应在饭后半小时左右再喝茶较好。

3. 食后不宜立即吃水果

进食后如马上吃水果，很容易形成胀气。因为水果中含有不少单糖类物质，极易被小肠吸收，若被堵塞在胃中，就会形成胀气，以致发生便秘。所以吃水果最好在饭后2～3小时，或在饭前1小时。

4. 忌食后松裤带

有些人进食过饱，马上松解裤带，这会使餐后的腹腔内压下降，消化器官的活动度和韧带的负荷就要增加，此时容易发生肠扭转，引起肠梗阻和胃下垂，出现上腹不适等不良现象。

5. 食后慢步走

孙思邈在强调食后摩腹的同时，十分重视散步，故云"出门庭行五六十步"，"行一二百步，缓缓行"。民间也有俗语："饭后百步走，活到九十九。"

进食后慢步行走，可以增强胃肠蠕动，增加胃肠血液营养的供应，有助于胃肠消化液的分泌和食物的消化吸收。但千万不可急步快走或登高跳跃，也不可食后即卧或坐看书画，否则，有损于健康。

老人食鱼，延年益寿

鱼肉不仅味道鲜美，而且有极高的营养价值。常食用鱼类不但能使人的身体健壮，还能延长人的寿命。因为它所含有的二十二碳六烯酸是老年人不可忽视的营养素，其所含的营养，又被证实有降糖、护心和防癌的作用。因此，民间有"老人食鱼，延年益寿"的说法。

鱼肉营养价值极高，非常适合人们日常食用。研究发现，经常食用鱼类的老年人，身体比较健壮，寿命也会相应延长；经常食用鱼类的儿童,生长发育增快,智力的发展也比较好;平均每两天吃一次鱼的男性,死亡率是每周吃不到一次鱼的男性的十分之七。尽管鱼类可能受到汞或其他有毒物质污染,但是鱼肉所含的高度不饱和脂肪酸,却能够很好地降低人体的胆固醇。因此,常吃鱼肉,好处多多。

为了身体更加健康,我们应当将鱼类作为日常饮食中的优先选择。

鱼肉含有高蛋白、低脂肪、维生素等,还具有矿物质含量丰富、口味好、易于消化吸收的优点,因此一直是人们喜欢的桌上美食。要知道,鱼肉的肌纤维比较短,蛋白质组织结构十分松散,水分含量也比较多,因此烹饪后肉质比较鲜嫩,和禽畜肉相比,吃起来更觉软嫩,也更容易消化吸收。

说起鱼类对人体养生保健的奥妙,主要有以下营养特点:

一、蛋白质丰富。在鱼肉里含有大量的蛋白质,而且还是完全蛋白质,要知道,这种蛋白质所含氨基酸的量和比值最适合人体需要。而且,其蛋白质含量为猪肉的2倍,且属于优质蛋白,人体吸收率高。研究发现,黄鱼所含的完全蛋白质占17.6%,此外,带鱼含18.1%、鲢鱼含18.6%、鲤鱼含17.3%、鲫鱼含13%。

二、矿物质与维生素含量较高。一些海水鱼和淡水鱼都含有丰富的矿物质与维生素，它们除了含有大量的磺、硫胺素、核黄素、烟酸、还含有磷、钙、铁等无机盐；而且鱼肉还含有大量的维生素 A、维生素 D、维生素 B_1 等，这些可都是人体需要的营养素。鱼肉中所含的维生素 D、钙、磷，可以有效地预防骨质疏松症。鱼肉中脂肪含量虽低，但其中的脂肪酸被证实有降糖、护心和防癌的作用。

三、脂肪含量。鱼肉的脂肪含量一般比较低，并且鱼肉的脂肪多由不饱和脂肪酸组成，由于这些不饱和脂肪酸的碳链较长，所以它还具有降低胆固醇的作用。一般来说，大多数鱼类所含的脂肪只有 1%～4%，如黄鱼 0.8%、带鱼 3.8%、鲢鱼 4.3%、鲤鱼 5%、鲫鱼 1.1%。

我们知道，鱼肉味道鲜美，不论是食肉还是做汤，都清鲜可口、引人食欲，是人们日常饮食中比较喜爱的食物。一些医学上对鱼的食用和医用价值更是大力推崇。经过多年的实践发现，平常吃鱼时，如果能讲究对症而食的话，则可以起到营养保健与帮助治疗康复的双重作用。

下面让我们详细了解一下：

一、鲤鱼。这类鱼味甘性温。可以主治浮肿、乳汁不通、胎气不长等症。这是由于它具有利尿消肿、益气健脾、通脉下乳之功效。

二、鲫鱼。这类鱼味甘性温。可以主治浮肿腹水、产妇乳少、胃下垂、脱肛等症状。这是由于它不仅具有利水消肿、益气健脾、通脉下乳的功效，还有清热解毒的功效。

三、甲鱼。这类就是我们常说的"鳖"，它味甘性平，全身均可入药。鳖甲，可滋阴潜阳、散结消症；鳖血，能滋阴退热，适用于肺结核病人；此外，甲胶还有补血、退热、消淤的作用。

四、青鱼。这类鱼食用后可治疗气虚乏力、胃寒冷痛、脚气、湿痹、疟疾、头痛等症。这是由于它具有补气养胃、化湿利水、祛风解烦等功效。此外，青鱼还含有大量的锌、硒、铁等微量元素，而这些于元素，还有防癌抗癌的作用。

五、带鱼。常吃带鱼可滋润肌肤，保持皮肤的润湿与弹性。这是由于它具有滋补五脏、祛风、杀虫的功效，并且非常适于脾胃虚弱、消化不良、皮肤干燥者食用。

六、鳅鱼。这类鱼就是我们常说的"泥鳅"，泥鳅肉质细嫩，营养价值很高。它味甘性平，可以医治湿热黄疸、小便不利、病后盗汗等症；并且，其滑涎还有抗菌消炎的作用。这是由于它具有暖中益气、清利小便、解毒收痔之功效。

七、黑鱼。这类鱼是女性调养身体的天然佳品，女性常食之可以调理血虚体弱、月经量不调以及病人术后恢复。这是由于它具有去淤生新、清热祛风、补脾利水之功效。此外，它的营养成分还可以补肝肾、治浮肿、脚气、疥癣等症。

我们知道，常吃鱼可谓是益处多多，并且吃鱼还可减少吸烟对身体的损害。一项研究发现，鱼肉中含有的氨基酸可遏制动脉硬化，常吃可以有效地减少吸烟的人死于心脏病及中风的机会。多吃鱼肉有助治疗体内机能失调，从而降低抽烟带来的损害。

第四章

治病养身：小病不治，大病难医

——提高免疫，增强体质

吃药不如戒烟，治病不如防病

所谓"吃药不如戒烟，治病不如防病"，是告诉人们要想身体健康，去掉疾病，去医院拿药吃，不如早一些将抽烟的习惯戒掉，因为长期抽烟是引发很多疾病的罪魁祸首。此外，在生活中人们总是在生病之后才去治病，却很少有人想到在生病之前去如何防病。要知道，防病于未然，才是最正确的养生之道。

调查发现，近年来心脏病发病年龄正日趋年轻化，而90%是男性。

对此，专家认为，年轻人患上心脏病趋势上升的主要原因，除了遗传因素与劳累、紧张外，吸烟的恶习也是导致心脏病年轻化趋势的一个主要原因。

老人言

大量的资料表明，吸烟者比不吸烟者的冠心病发病率要高2.6倍以上，而心绞痛发生率则高3.6倍以上。研究发现，烟中的大量有害物质会随着烟雾吸进肺里，此后会迅速地吸收到血液中，进而就会作用到心脏、血管和中枢神经系统。为此，有很多的调查都证实了，冠心病的死亡率与吸烟密切相关，尤其是，在成年以前开始吸烟的危害程度会更高。因此，谚语强调"治病不如防病，吃药不如戒烟"。可见吸烟对于年轻人的心脏血管损害之大。

戒烟年龄越早，对冠心病的预防效果越好。其实，年轻人要想保护心脏，拥有健康，除了远离香烟之外，还需要多运动。因为运动可以促进血液循环，加速新陈代谢，增加肌肉与血管弹性。因此，人体在运动时，全身各个器官都得到了锻炼，其中受益最大的是心脏。

治病不如防病，这话说得一点儿不假。但是，生活中却有不少人认为，身体好好的，没有病时，费那个劲干啥。其实，却没有想明白，一旦有病，花钱耽误事不说，自己还得痛苦受罪。再说，人体是一件非常精密的艺术品，损坏容易修复难。所以，治病不如防病，平时多注意保养，多关爱自己的身体，就能拥有健康，少生疾病。如何防病，平时可以从以下两个主要方面做起：

一、合理饮食

食疗对应食物：平时，牙出血可以吃葡萄柚、猕猴桃、柠檬等含维生素C多的食物；当血压增高时，可以喝橘子汁；感冒了可以吃些大蒜；视力不好吃菠菜与黄瓜；有肺病可以多吃鱼；预防癌症，可以吃一些番茄、海带、大蒜、香菇、芦笋；想长寿，平时可以食用枸杞子、核桃、芝麻、红枣等。

最佳喝水时间，早起时，上午10时左右，下午3时左右，睡觉前一小时；吃饭时要细嚼慢咽；早餐一定要吃，如果长期不吃早饭对胃、胆都是一种伤害，易引发胆结石等病。此外，垃圾食品与油炸食品，均无益健康，平时应少吃。

二、良好生活习惯

手是健康的首要关口，因此洗手应时不能一冲了之，时间也不能少于15秒钟，要彻底洗干净。此外，还要做到冷水洗脸，温水刷牙，热水泡脚。并且，要早晚刷牙，饭后漱口。

平时少熬夜，因为它对人的记忆力、免疫力、视力以及皮肤都有不利的影响。因此，平时一定要保证充足的睡眠，而且宜采用仰卧姿或右侧睡姿。此外，开灯睡会使人免疫力下降易患疾病，因此，睡觉不要开着灯。

不轻易染发，因为染发药剂中有苯胺、苯酚、甲醇等化学物质对人健康不利，应少用。

老人言

家用清洁剂应尽少用,因为表面活性剂虽没毒性,但日积月累它对人体器官有害无益。此外,在春、冬二季,应常开窗通风。

烦恼与悲观心理也会给人带来疾病。所以,平时不要让烦恼围绕在身边,更要放下消极的情绪。要有正确的人生观,不要被太强的欲望支配,不要过于挑剔。

感冒不是病,不治要了命

"感冒不是病,不治要了命。"这句谚语告诉我们,感冒对人体的危害也是非常大的,人们要引起足够的重视。特别是现在甲流高发时期,人们更应该注重预防和治疗。

流感是由流感病毒引起的急性呼吸道传染病。它的危害相当严重,不仅会引起一些严重的症状,如高烧、剧烈咳嗽、头疼、全身酸痛等,还会引起流感并发症如心肌炎、肺炎、哮喘等。对患有心肺疾病、肾功能障碍和糖尿病等慢性病的人群,流感会加重其病情,严重的甚至会导致死亡。

感冒是常见的流行病,感冒分两种,流鼻涕的一般是风寒感冒;如果不流鼻涕,一般是风热感冒。风寒感冒起病较急,发热、畏寒、甚至寒战,无汗,鼻塞,流清涕,咳嗽,痰稀色白,头痛，周身酸痛，食欲减退，大小便正常，舌苔薄白等。风热感冒主要表现为发烧重，但畏寒不明显，鼻子堵塞、流浊涕，咳嗽声重，或有黄痰黏稠，头痛，口渴喜饮，咽红、干、痛痒，大便干，小便黄，检查可见扁桃体红肿，咽部充血，舌苔薄黄或黄厚，舌质红，脉浮而快。

对于感冒虽然我们不能制伏它，但我们还是有预防和缓解症状的办法，尤其是秋、冬交替季节，是感冒的多发季节。掌握一些治疗感冒的小方法和技巧是很有必要的。

热水泡脚。每晚用较热的水（温度以热到不能忍受为止）泡脚15分钟，要注意泡脚时水量要没过脚面，泡后双脚要发红，才可预防感冒。

盐水漱口。每日早晚、餐后用淡盐水漱口，以清除口腔病菌。在流感流行的时候更应注意盐水漱口，此时，仰头含漱使盐水充分冲洗咽部效果更佳。

健康警钟。感冒期间饮食误区——感冒期间应吃些滋补食物以增强抵抗力，对付病毒，这是非常错误的观念。

冷水浴面。每天洗脸时要用冷水，用手掬一捧水洗鼻孔，即用鼻孔轻轻吸入少许水（注意勿吸入过深以免呛着）再擤出，反复多次。

按摩鼻沟。两手对搓，掌心热后按摩迎香穴（位于鼻沟内、横平鼻外缘中点）十余次，可以预防感冒及在感冒后减轻鼻塞症状。

鼻子插葱。感冒后鼻子不通气怎么办呢？可以睡觉时在两个鼻孔内各塞进一鲜葱条，3小时后取出，通常一次可愈。倘若不行，可于次日再塞一次。值得提醒的是：首先，葱条要选择粗一点，细了，一是药力小；二是容易吸入鼻腔深部，不易取出；其次，若患者的鼻腔接触鲜葱过敏，可在葱条的外面包上一层薄薄的药棉。

白酒擦身。用铜钱、硬币等光滑硬物蘸白酒，轻刮前后胸、曲池及下肢曲窝处，直至皮肤发红发热，然后喝一碗热姜糖水，约15分钟后便大汗淋漓。汗后周身轻松舒适，此时注意免受风寒，感冒很快痊愈。

可乐煮姜。鲜姜20~30克，去皮切碎，放入一大瓶可口可乐中，用铝锅煮开，稍凉后趁热喝下，防治流感效果良好。

呼吸蒸汽，初发感冒时，在杯中倒入开水，对着热气做深呼吸，直到杯中水凉为止，每日数次，可减轻鼻塞症状。

热风吹面。感冒初起时，可用电吹风对着太阳穴吹3~5分钟热风，每日数次，可减少症状，加速痊愈。

蒜泥蜂蜜。将等份的蒜泥与蜂蜜混匀后，用白开水送服，每次一汤匙，每天4~6次，对治疗流感有佳效。

香油拌蛋。将一两香油加热后打入一鲜鸡蛋，再冲进沸水搅匀，然后趁热喝下，早晚各服一次，2～3天便可治好感冒愈后的咳嗽。

流感的危害不可忽视，它不仅引起一些严重的症状，如高烧、剧烈咳嗽、头疼、全身酸痛等，还会引起流感并发症如心肌炎、肺炎、哮喘等。对患有心肺疾病、肾功能障碍和糖尿病等慢性病的人群，流感会加重其病情，严重的甚至会导致死亡。因此，流感不可小视。

十人九痔，早防早治

"十人九痔，早防早治。"这句谚语告诉我们痔疮发病率很普遍，患上痔疮后，痛苦不堪，所以我们要注意预防痔疮的发生，做到早发现、早治疗。

痔疮特别普遍，只要稍加注意一下，你就会发现有很多名人都得痔疮。比如，法国著名军事家拿破仑，还有俄国著名作家陀思妥耶夫斯基，痔疮几乎折磨了他们整整一生。在行军打仗中，或者在深夜的写作时，让他们坐卧不安。

肛肠专家对此解释道："几乎每个人都有痔疮，只不过只有半数患者具有症状而已。"而引发人类这最古老的疾病——"痔"

的原因，则与便秘和人们不良的排便习惯有关。不及时排便是酿成痔疮的主要原因。如果饮食不节，或长期烟酒、辛辣制品刺激而致肠黏膜充血水肿，影响痔静脉血液运行，也可酿成痔疮。一些不良的排便习惯则更容易让人患上痔疮。而在广东的深圳，目前痔疮在肛肠疾病中的比例是87.25%。

有的人总是认为自己没有患上痔疮。其实，一期痔疮有点儿感觉不到（大多为内痔），二期痔疮有点儿感觉也不理会，到了三期，患者又总以为不挡吃喝、不妨碍工作，再加上面子问题（特别是女同志），不愿到医院去治疗。万不得已到医院治疗的，已是影响正常生活较为严重的痔疮患者。

痔疮的发病率很高，痔疮一般症状为：便时出血，痔块脱出，疼痛，瘙痒。痔疮患者经手术治疗或其他疗法治疗后，复发率亦较高。诱发痔疮的原因很多，但经临床证明，最为突出的就是每次排便时间较长。超过3分钟的蹲厕时间，就能导致痔疮的形成，轻重也由时间长短决定。所以，蹲厕时间较长的人，大部分是大便干燥者，应尽早调节饮食或进行药物治疗，养成按时排便的习惯。

蹲厕时间过长，可直接导致直肠静脉曲张，瘀血就会形成静脉团（医学称为痔疮）。有的人蹲厕排便时爱看报纸，不卫生不说，若看到情节精彩之处，便排空了也不起来，长此以往自然会使直肠静脉长时间受到挤压，诱发痔疮。

痔疮有最佳的预防办法：

一、每次排便超过3分钟的，应逐步控制在3分钟以内（若控制在1分钟以内，一、二期痔疮可自行康复）。

二、司机、孕妇和坐班人员在每天上午和下午各做10次提肛动作。

三、便后不能及时洗浴的，蹲厕起身前，可用较柔软的多层（2×4厘米）卫生纸夹在肛门处（半小时后取出即可）。这样，在走路运动时，能使直肠静脉迅速活跃还原，正常回流。

以上三点方法，如能结合预防，是远离痔疮的最佳捷径。

痔疮还有七忌：

忌饮酒。饮酒可使痔静脉充血、扩张，痔核肿胀。

忌辛辣。痔疮患者如果嗜食刺激性强的辛辣食物，如辣椒、大蒜、生姜等，可促使痔疮充血，从而加剧疼痛。'

忌饱食。暴饮暴食、进食过饱，会加大痔疮的发病程度。

忌久坐。久坐不运动，会使腰、臀部的血液循环受到障碍，而加重痔疮的病情。

忌紧腰。过紧束缚腰部，会妨碍腹腔及肛门的血液回流，影响肠的正常蠕动，给排便带来痛苦。

忌憋便。粪便在肠道里滞留的时间长了，水分被过多吸收便会干硬，造成患者排便困难、腹压增加、痔裂出血。

忌讳疾。痔疮患者不能因为部位特殊而不好意思就医，或者认为是小毛病而不予重视，导致病情严重给尽快治愈带来难度。

预防痔疮的方法很多，只要注意在日常生活中认真去做，不仅可以预防和减少痔疮的发生，对于已经患有痔疮的病人，也可以使其症状减轻，减少和防止痔疮的发作。切勿在排便时沉溺于阅读报刊，人为地延长排便时间会让痔疮的发病率增高。如果患了痔疮则应该及时去医院治疗，以免对健康造成更大危害。

大便一通，浑身轻松

"大便一通，浑身轻松"这个谚语可能很多人都有同感。生活中有不少人常为习惯性便秘而苦恼，因此，只有平时在日常生活中多注意，使机体的排便功能保持正常，才能感到身体舒畅，也才能拥有健康。

"大便一通，浑身轻松。"这话说得一点儿不错，只有大便通畅，身体才能轻松健康。要知道，粪便是新陈代谢的废物，是有毒的，其主要成分是一些未被消化的食物残渣、部分代谢产物以及肠道内的细菌等，如果不及时将这些代谢废物排出，就会再被肠道重新吸收而进入血液循环，这样一来对身体的健康极为不利。一般来说，正常情况下，成年人应该保证每天大便 1～2 次，以排出废弃物质，如果排便次数过少，甚至几天都不大便一次，对身体的健康非常不利。

然而，不知从何时起，重"入"轻"出"成了现代人在对待自身物质代谢而普遍存在的一种不良的心理。只要我们留心观察，就会发现身边有经常好几天都不排大便者，而且，对此不当回事儿者，明明口中臭秽、舌苔厚腻，却还一个劲儿地吃肉等一些高蛋白、高脂肪、高热量食物，却不知健康离自己越来越远……

早在汉代的《论衡》中就指出："欲得长生，肠中常清；欲得不死，肠中无滓。"这足以说明积极排便、驱除废物在养生防病方面确有重要意义；而现代医学的临床研究也表明，排便能有效排出体内代谢废物和有害细菌。因此，生活中只有那些大便通畅的人，其血液中的肌酸等有害物质才能够得到迅速消减，血液也才能够变得清纯洁净。

所以，要想健康，平时一定要注意饮食结构的调整，并且要努力培养自己的主动排便意识，使自己的排便功能保持正常。从而有利于疾病的预防，有利于肿瘤、肝炎、慢性肾功能衰竭、糖尿病等疾病的康复，保持健康的身体。

老人言

研究发现，习惯性便秘的治疗关键，在于建立科学合理的饮食习惯。因此，在日常饮食应该增加一些含植物纤维素较多的粗质蔬菜和水果，要适量食用一些粗糙多渣的杂粮，适当吃一些富含油脂类的干果，尤其要少吃肉类和动物内脏等高蛋白、高胆固醇食物，以及一些辛辣刺激性的食物。

一般来说，各种新鲜瓜果和蔬菜，都有利于排便，如西瓜、香蕉、梨、苦瓜、黄瓜、白菜、芹菜等；一些含油多的坚果也可以治便秘，如松子、芝麻、核桃仁、花生等；平时多吃一些粗粮也有助于排便，如糙米、山芋、绿豆、凉粉、薯类、玉米、燕麦片等。

此外，对于经常便秘者，可以采用以下食疗：

红薯糖水：选用红薯 500 克，削去皮，切小块，加清水适量煎煮。待到红薯熟透变软后，加白糖适量，生姜 2 片，再煮片刻即可食用，效果很好。

麻油拌菠菜：先选新鲜的菠菜 250 克，择净备用。锅中加水并加入食盐适量，烧开后，把菠菜置于盐水中烫约 3 分钟取出来，再加麻油适量，拌匀即可服食。

清蒸茄子：鲜茄子 1～2 个，择净后置碟上，加油、盐少许，放入锅中隔水蒸熟可食。每日 2 次。

患有习惯性便秘的人，如果能每天坚持几次保健功，就可以促进新陈代谢，促进肠壁的张力和胃肠的蠕动，使大便通畅。

具体步骤如下：

一、先仰卧，放松腹肌，用两手食指和中指的指端，轻轻按摩两侧天枢穴（离肚脐左右两侧3厘米处），约1分钟左右即可。

二、接下来，将两手的手心和手背相叠，以肚脐为中心，沿顺时针方向，缓慢地在肚脐周围的小范围处，轻轻地按摩腹部50圈。按摩时要力量适中，以能带动内脏为宜。

三、之后，再在肚脐周围大范围处，按摩腹部50圈。

四、最后，两手相叠，从胸口偏左处开始，向下腹部方向按摩50次，即全部完成。

按摩时一定注意，不能逆时针方向按摩腹部。

不管当时有无便意，能不能排出大便，都要养成每天定时蹲厕所的习惯。如果有便意时，千万不要忍，要马上去大便，只有这样才有利于形成正常排便的条件反射，从而使排便正常。

欲得长生，肠中常清

"欲得长生，肠中常清。"说的是要每天要定时排便，排出了体内的垃圾、毒素，人才能健康长寿。

老人言

人的衰老与"自身中毒"有关，大肠中腐败食物和细菌产生的毒素如不能及时排出，被机体吸收后可使人慢性中毒，内脏功能也会因中毒作用而发生障碍。长期反复地便秘，使肠内腐败食物和细菌不能及时排出，增加自身中毒的机会，则妨碍健康，加速衰老。

肠道黏膜是人体重要的免疫器官，产生大量的免疫因子，控制肠道各种微生物过度繁殖，保持机体生态平衡。若肠道出现便秘，可破坏此免疫屏障，肠内细菌或毒素大量进入肝脏和血液中，有害物质损伤人体各个器官和系统，从而导致各种疾病的发生。肠道同样也是最重要的排毒器官。大肠不仅排泄食物残渣，更重要的是排出污染人体内环境的各种毒物，保持人体内环境清洁、稳定。

如果肠中不清，则会产生大量毒素。有数据表明：大便积聚在大肠内超过12小时会产生至少22种毒素及致癌物质，其中包括硫化氢、氨气以及一些对人体有害的重金属盐类，释放出的毒素相当于三包香烟。而肠中不清的最严重的后果和表现就是——便秘。

便秘还可引起多方面的症状：大量毒性物质吸收到血液中导致自身中毒，会出现精神淡漠、头晕、恶心、呕吐、食欲减退、乏力、烦躁；由于粪便硬结，排便时引起肛裂及痔疮，导致出血，特别是患高血压的老年人，有的因便秘而排便过于用力，导致脑溢血、心梗等。

人体在新陈代谢过程中会产生不少"废物"，而且从不洁空气中也会吸入大量有毒有害气体和微粒。尽管人体具有一定清除自身毒素的能力，但当体内废物积蓄过多或机体解毒排污功能减弱时，废物不能及时排出时，就会影响健康。

饮食过量会引起一系列"文明病"，甚至会缩短个人的寿命。

从饮食角度考虑，首先要做到膳食平衡，要经得起美味佳肴的诱惑，控制动物性食品的摄入量，并适当多吃些新鲜蔬菜、水果和粗粮杂粮。而对中年人来说，还应限制食物的总摄入量。此外，坚持适度的体育锻炼，以促进肠的蠕动，有利于大便排尽。中年人宜每周洗一次肠。

"洗肠"，就是断食一段时间并饮用一些水，将肠道中的包括宿便在内的各种残留物"冲刷"掉。研究表明，肠道生理功能，不是积极地吸收便是消极地清除，很难同时做此两种工作。在平时，肠道清除废物的工作，只是整个主要吸收过程中次要的过程。真正的清除进行，是完全停食以后。那时，机体不必去对付食物，便可用全力去对付积毒。瑜伽术早就推荐人们每周断食一天（第一天不吃晚餐，第二天三餐不吃，共禁食四餐）。考虑到人体对饥饿的忍受能力，每周洗一次肠子的具体方法是：七天

1165

中有一天不吃早、中饭，仅喝温或凉开水或淡茶，到晚餐才吃一点米饭或面食、蔬菜和水果。实践证明，断食洗肠最难忍受的时刻，是在中午11时至下午2时，过了下午2点，人们就不以为然了。对饥饿忍受能力较差的人，早餐可喝点粥、吃点水果（不吃动物性食物）。此后，时而喝些水，直到晚上睡觉前两小时，才适当吃些易消化的粥或者面条。中年人尤其是肥胖者和食欲旺盛的人，不妨每周洗一次肠。当然，胃肠功能差的以及身体不允许的人不宜"洗肠"。

欲要肠清，第一需养成定时排便习惯。不论多忙或有无便意，都要定时如厕。第二要注重饮水。饮水不足会诱发便秘。每日清晨饮一杯凉开水，有利通便。第三、要多食富含纤维素的食物。纤维素是最佳的清肠通便剂，要多食含木质纤维的菠菜、芹菜、茼蒿，富含胶质纤维的番茄、南瓜、胡萝卜、红薯、芋头、木耳、银耳、香蕉、木瓜等，同时宜食粗粮，粗细合理搭配。第四，要增强运动，促进胃肠蠕动。第五，按摩腹部。每日睡前或晨起，以双手重叠，手心向下按摩脐部，向左向右各旋转按摩30～50次。第六，不可滥用药物。滥服泻药，等于"无水行舟"，有损健康。同时，也不可滥用抗生素及一些化学药品。这类药物可杀死肠道内正常菌群导致便秘。

日常生活中要做到"肠中常清"。养生要重视大便畅通。要肠清，就养成定时排便习惯。不论多忙或有无便意，都要定时如厕。其次饮水也很重要。饮水不足会诱发便秘。

每日清晨饮一杯凉开水，有利通便；每日饮水不得少于8杯（约1.5升），夏季可酌增。

有病及时治，切忌乱投医

"有病及时治，切忌乱投医。"告诫我们有病切不可自己乱了手脚，盲目乱投医，那样既没有达到救治的目的，也浪费了财力，遇到一些以赚钱为目的的医院，不顾及情绪，给你精神带来莫大的压力。

身体生病是防不胜防，不知道哪一天就碰上你了，可要它走，却不是件容易的事。

有很多人都是这样，明知道自己有病要正确面对。但一旦生病了为了治病，什么药都要尝试，什么偏方土方都用，什么医生都信。被江湖上的庸医骗钱。只要从广告上看到什么新药都会迫不及待去买。药没少吃，钱没少花，可并没有出现广告上说的效果。

其实有些病一旦得上就不可能痊愈了，道理明明清楚，可心里总还是抱着一丝希望。就为了那一丝不可能的幻想，不惜扔掉

老人言

很多金钱。如果有钱的家庭还好点，用钱换份希望。可要是收入不高的家庭，会因此负债累累。

有了病都想早日康复、早日痊愈，在这样的心理下就会乱投医。这样的心理为多少药厂、药商创造了赚钱的商机，也使多少病人付出了惨痛的代价。

当然了，也不是所有的新药都名不副实，不是所有的医院医生都赚昧心的钱。可现在的医药市场上鱼目混珠的太多了，丧失医德的庸医也太多了，连一些医学界的专家都说看不懂现在的药了，更何况没有医学知识的寻常百姓。

就说最普通的感冒药，相同成分的药，商品名字就有几十种，价格也相差很大，普通人怎么能分辨。再加上现在的广告轰炸，要想看病买药时不上当真是要有非常专业的医药常识和坚定信念才行。

有了病谁都想早日康复，想彻底治愈，心情可以理解，可还要记住"病来如山倒，病去如抽丝"这句俗话。世上本来就没有什么灵丹妙药，没有神医仙方，人吃五谷杂粮不可能不生病，生了病不可怕，可怕的是有病不看、有病乱看。

有病不看医生、不吃药，自己硬抗的人，会延误治疗的时机，有可能会使病情加重或转移。

现在的社会，太以经济利益为目的了，只要能赚钱什么也不顾，什么也敢做。厂家为了赚钱可以把几毛钱的药，改头换面卖到几十元、上百元；医院为了赚钱可以把小病当成大病来治；医生为了赚钱可以专给病人开那些有提成的厂家药；药店为了赚钱可以极力给病人推荐那些名不副实的新药特药。

有了病应该到正规的医院诊断治疗，应该在医生的指导下正确用药，不要轻信那些广告上的宣传，特别是那些非法的小广告的宣传，还有一些电台和电视台上的所谓的专家讲座。越是吹得很大的药越要对它多加小心，这样的宣传除了为赚你的钱没有别的目的。

当你或你的家人不幸得病了，千万不要慌乱或者盲目行事，现在科技这么发达，信息这么流通，可以先咨询，知道一些相关的医学常识。如果真遇上那些没有医德的庸医，也不用听他的忽悠。第一，可以根据自己的情况，咨询身边有经验的人。第二，看些有关的医疗书。第三，网上查询。得到了相关的信息，心中有个大概，这时，再去医院看医生，就可以对医生正确地表达自己的病情。

当然自己没有多少医学知识，千万不能盲目瞎对照，更不能把什么病都对号入座，那只有害你自己，没病也要吓出大病来。

有的人得了病，从不愿意找医生。知道自己有什么不舒服，老忍着，以为忍一忍，就过去了。其实这是个很不好的习惯。分析这样的人，有几个原因：1.是真的觉得无所谓。2.怕麻烦，挂号，排队要时间。3.不相信医生，药费高，而且乱开药。所以还不如到药房自己买点药对付一下。

对于这些朋友，这个态度是千万不可取的。一旦有什么病，没有说自己就愈合了的。有什么不舒服，还是要医生来确诊一下。因为小病能治，等错过最佳时机，就会误成大病的。

人一生不可能一次病都不生，生病是不可避免的，当得病后，我们要了解病情，找对医生，合理用药，及时治疗。不可盲目乱投医，更不能不看病。

指甲颜色怪，小心把病害

所谓"指甲颜色怪，小心把病害"，是说健康的指甲应该是正常的颜色，指甲的色泽改变可以反映我们自身的健康状况。所以，指甲颜色不正常多是某些疾病的反映，平时一定要注意观察指甲的变化，从而及时地了解自己的健康状况。

时尚女性总爱把指甲涂得花花绿绿的，色彩斑斓煞是好看。但是，这样虽然好看，却掩盖了指甲的正常颜色，使之不能了解自己的健康状况。要知道，指甲的颜色与身体的健康相关，一般来说，不正常的颜色多是某些疾病的反映，所以，平时注意观察指甲的变化，有助于了解自己的健康状况。

中医认为，指甲是人体气血的外在表现。《黄帝内经》指出"肝藏血、主筋……其华在爪（爪为筋之余）"。爪即指甲，小小的一片指甲的色泽和形态，就可以反映出人体气血的盛衰，尤其是肝脏的健康状态。

因此，当身体出现故障的时候，指甲才会出现异常。

一般来说，健康正常的指甲颜色应是微粉色的，而正常的指甲还应该是透明的，而且，正常的指甲的色泽除指示病变外，还主要反映甲床血管的变化。

通常，白甲表现为甲板部分或全部变白，压之不褪色。如果甲板上出现点状、线状、片状白斑，称为甲白斑病，这没什么大碍，因而无须治疗。但发现为原发白斑，则多为脾胃不和、脾肝失和所致；若甲板全部变白，患者常是患有先天性疾病的人。

如果指甲变白，则属于身体有病变，急症见于失血、休克；慢症见于贫血、钩虫并消化道出血、肺结核晚期、肺源性心脏病等；如果指甲白得像毛玻璃一样，则为肝硬化的特征；指甲变白、变薄、变软，多见于慢性消耗性疾病。

黄甲，常表现为甲板变为黄色、橙黄色或黄绿色，这种症状除了老年人因气血不能濡养，发生退行性变外，也可见于银屑病患者；也可能是缺乏维生素 E 所引起；湿疹患者可使甲板呈现污黄色，甲癣、念珠菌性甲沟炎可使甲板周围呈棕黄色。另外，中医认为多由湿热熏蒸所致，见于甲状腺机能减退、肾病综合征等。

黑甲，多表现为甲板出现带状黑色或全部变黑、灰、黑褐，压之不变色，多为命门火衰或肾水不足。而且，若指甲呈淤黑色，则显示肝血不足，四肢所得的养分便不足够。但如果出现黑斑或青斑，则是中毒的表现。

指甲颜色变灰，并且质地粗糙，肥厚而无光泽，则是受真菌感染。

有时患有灰甲者，还通常是患了甲癣，初期甲旁发痒，继则指甲变形，失去光泽而呈灰白色。而且，患灰甲的人通常有手足癣，需要治疗。

赤红甲表现甲板赤红，压之褪色，表现为出汗口渴，并伴有高热、舌红苔黄。明显发红者，是心力衰竭的表现；指甲周围出现红斑，多见于红斑狼疮和皮肌炎患者。

另外，指甲若是起了坑纹，便是神经虚弱的先兆；在指头若是有倒刺，多半是心火旺盛，睡不安宁；指甲上的白色斑点，表示肝肾亏虚。

而且，如果指甲生长迟缓、容易折断，显示营养不良；指节带黑，则显示肝脏功能欠佳。

指甲确实是观察人体健康的一个窗口，所以我们应当时常注意它的变化，特别是那些长期美甲者的女士，更不要忘记隔段时间给指甲放个假，让它露出本来的真面目。

如果发现自己有多个指甲变异，就应及时就诊。但如果只有一两个指甲有变化，则不必惊慌，可能是外伤所致，通过适当调养就可恢复。

吃药不忌口，坏了大夫手

所谓忌口，是指治病服药时的饮食禁忌。尤其是对中医来说，忌口是治病的一个特点，历来医家对此十分重视，因此，如果在服药期间的饮食上，不能做到有所禁忌，那么就是再好的大夫也会束手无策的。

清代章杏云所著的《调疾饮食辨》一书中说："病人饮食，借以滋养胃气，宣行药力，故饮食得宜足为药饵之助，失宜则反与药饵为仇。"

告诉我们在吃药期间一定要忌口。事实证明，忌口是有一定道理的。因为我们平时食用的鱼、肉、鸡、蛋、蔬菜、瓜果、酱、醋、茶、酒等普通食物，本身也都具有各自的性能，因此，当我们食用会就会对疾病的发生、发展和药物产生一定影响。因此，吃药不忌口，药物就不能发挥正常的作用。

如今，随着西医在国内的流行，现代人对此渐渐陌生，这就使很多药物得不到应有的疗效，使病情得不到及时的缓解。其实，病症的食忌是非常重要的，它是根据疾病性质来讲究"忌口"的，像湿热病应忌食辛辣、油腻、煎炸的食品，而寒凉症就应该忌食生冷、寒凉的东西。治疗因气滞而引起的胸闷、腹胀时，不宜食用豆类和白薯，因为这些食物容易引起胀气；而治伤风感冒或小儿出疹未透时，不宜食用生冷、酸涩、油腻的食物；其他诸如水肿病人少食食盐；哮喘、过敏性皮炎病人，应少吃鸡、羊、鱼、虾等。

一般来说，由于疾病的关系，在服药期间，凡属生冷、油腻、腥臭等不易消化或有特殊刺激性的食物，都应忌口。要知道，一旦吃了禁忌的食物，疗效就会不理想或起相反的作用。

在中医上，服药食忌是有很多讲究的。因此，在古代的文献中有大量记载：薄荷忌鳖肉；茯苓忌醋；鳖鱼忌苋菜；荆芥忌鱼、蟹、河豚、驴肉；甘草、黄连、桔梗、乌梅忌猪肉；鸡肉忌黄鳝；蜂蜜忌生葱；天门冬忌鲤鱼；白术忌大蒜、桃、李等。而且，在服用清内热的中药时，不宜食用葱、蒜、胡椒、羊肉、狗肉等热性的食物；而在治疗"寒症"服用中药时，应禁食生冷食物；这些都充分说明，服用某些药物时不可吃某些食物是有一定道理的。

那么，服用中药时，为什么在饮食有这么多禁忌呢？在服药时不宜同吃某些食物，是为了免降低疗效或加重病情。比如说，服人参时忌食萝卜，这是因为萝卜会降低补药的效果，使其失去补益的作用而达不到治疗目的；而且服人参时也不能吃辣椒，特别是热性病症，服清热凉血或滋阴降炎药时更不宜吃辣椒。此外，像土茯苓、使君子忌茶；鳖甲忌苋菜；地黄、何首乌忌葱、蒜和萝卜等。

服中药时不要喝浓茶。这是因为在茶叶里，含有很多的鞣酸，这种物质与中药同服，就会影响人体对中药有效成分的吸收，从而降低疗效，因此不宜饮用，另外，也不宜饮用如咖啡、可乐、雪碧等，最好以喝白开水为主。

此外，患者在服药期间，还要注意以下饮食禁忌：

头昏失眠、性情急躁的人，忌食胡椒、辛辣、酒等。

伤寒、温湿患者，忌食油腻厚味。

水肿病人，忌食硬固、油、生冷等食物。

服发汗药时，忌食用醋和生冷食物。

服补药时，忌食用茶叶、萝卜。

肝阳、肝风、癫痫、过敏、抽风病人，忌食发物。

肠胃功能弱者，忌食黏滑、油腻等食物。

红肿热痛的外科疮疡，忌食牛、羊、鱼、蟹等食物。

痰湿阻滞、消化不良、泄泻、腹痛者，忌食生冷食物。

热性病患者，忌食用辛辣、香燥、油炸食物。

服药忌口虽然很重要，但是"忌口"也不能绝对化，而要因人、因病而异。因此，对于慢性病人来说，若长时间"忌口"，禁食的种类又多，则会影响身体正常的营养所需，这样反而对恢复健康不利。所以，长期患病者最好能在医师的指导下，适当食用增加营养的食物，以免营养缺乏。

常做噩梦，预示疾病

被人追杀，想要呼救却怎么都发不出声；从上百层的高楼掉落……

这些可怕的噩梦想必很多人都经历过。而且，晚间的一个噩梦不只会影响人们一天的心情，甚至还和人的健康息息相关。

可以说糟糕的噩梦是全球人都有过的经历，噩梦让本不轻松的现代人的神经更加紧绷。有关调查显示，47.4%的人表示噩梦影响了自己的睡眠质量；13.6%的人称加重了心理负担，使自己变得更加焦虑、抑郁等；还有4.9%的人更为严重，不但不能集中精力，影响到正常的工作和生活，而且常常有某些身体疾病。

尽管没有确切数据，但激烈的竞争、巨大的压力、快节奏的生活等让越来越多现代人被噩梦纠缠。那么，现代人究竟为何会爱做噩梦呢？有关研究发现，有三种人更容易做噩梦：

一、女性。经研究人员跟踪发现，30%的女性表示自己经常做噩梦，而只有19%的男性表示自己不断做噩梦。调查发现，女性更易把日常焦虑等情绪带入睡梦中，而且对噩梦的感觉也更为强烈。

二、年轻人。调查研究发现，突然失业、工作压力过大等原因，使得年轻人成为爱做噩梦的"主力军"，特别是受金融危机的影响，使大多的年轻人有做噩梦的习惯。

三、儿童。一些专家认为，做噩梦的频率还可能与年龄有关，通常，5~12岁儿童常常会因噩梦而惊醒。研究发现，这是因为是儿童的大脑还在发育，情绪易受外界的影响，因此常做一些噩梦。此外，从青春期走向成人期时，噩梦的频率也会增加，而成人便会减少。

研究发现，噩梦不只和心情有关，如果一个人频繁做噩梦，可能预示着健康状况出现问题。如果一个人长时间做同一个梦，梦到自己某个器官，如肝、牙齿等每次都会疼痛，那么就真的会预示着这个部位有健康隐患。

一般来说，儿童常做噩梦可能是肠胃系统出了问题；老年人常做噩梦来说，有可能是患上痴呆症或帕金森症等。如果梦见自己的喉咙被人掐住，则可能是扁桃体发炎；如果梦到从高处坠落，可能是心脏病先兆等。因此，当你常做噩梦时，首先应考虑自己的身体的某地方是否有欠健康。

梦是人们白天情绪的一面"镜子"，比如，临考的学生经常会梦见交白卷。在这种情况下，最有效的方法就是把自己的心态调整好，减少负面刺激的产生。说实话，在生活中，人人都在承受一定的压力，因此保持一个平和的心态，打理好平时的生活习惯，就可以大大减少做噩梦的概率。

一、养成良好的睡眠习惯

不想做噩梦，应养成晚上早休息、定时睡觉的好习惯，而且在睡前两小时，别做剧烈运动，也不要看刺激性强的书籍、影视作品。最好能选用蚕丝等质地轻柔的被子，并且可以多听听轻柔的音乐，洗个温水澡，泡泡脚等，都可以缓解紧张情绪，减少入眠后做噩梦的机会。

二、少吃辛辣及高脂食物

有研究发现，白天吃高脂肪与辛辣食物越多，睡眠质量变差的几率就越大。这是由于辛辣与高脂肪食物能提高体温，扰乱睡眠，从而导致频繁做噩梦。此外，饮酒过多也有可能导致噩梦。因此，爱做噩梦者，晚上饮食一定要多注意。

三、记录梦境

爱做噩梦的人，不妨每次都写下或画出噩梦中的场景或记录梦境，这有助于医生诊断病情、制订治疗方案，以消除噩梦带来的困扰。但在记录时，还一定要注意梦的情节和自己在梦中的情绪这两大要点。

美梦不一定会成真；噩梦也是如此。因此，科学认识梦是非常重要的，尤其是噩梦。要知道，它往往是你现实生活的"过去式"，所以只要没有影响到你的生活质量，就可以轻松待之。

三九补一冬，来年无病痛

古中医学里说"冬至者，由立秋降入土下的热，多至极也。夏至者，由立春升出地上的热，多至极也。降极则升，升极则降。植物经秋而叶落，植物个体的热下降也。经冬而添根，植物个体的热下沉也。经春而生发，植物个体的热上升也。经夏而茂长，植物个体的热上浮也。热的降沉升浮于植物个体求之最易明了……说植物个体的热的降、沉、升、浮，即是说宇宙大气的热的降沉升浮,即是说人身的热的降沉升浮。"

在冬令时节进补身体,可以平衡阴阳、疏通经络、调和气血。所以,民间有"三九补一冬,来年无病痛"的谚语,这是一种传统的防病强身,可以保持来年的身体拥有健康。

进补要顺应自然,尤其是冬季进补,一定要注意养阳,应以滋补为主,着重保证热能的供给,才能使身体温暖而健康,为来年打下良好的基础。

冬季的饮食进补特别讲究,对此,中医有"虚则补之,寒则温之"的原则。所以,在三九寒天的膳食中一定要多吃一些温性、热性的食物,还要特别注意一下温补肾阳的食物,进行体质调理,以提高机体的耐寒保健能力。

在冬令时节,应多吃一些富含蛋白质、维生素和易于消化的食物,而且,粮食、蔬菜以及水果、肉类要全面进食,以使进补达到营养均衡的效果。通常来说,在粮食类可选:粳米、玉米、小麦、黄豆、豌豆等;肉食类可选:羊肉、狗肉、牛肉、鸡肉;水果类可选用橘子、菠萝、荔枝、桂圆等;海鲜类可选:鲤鱼、鲢鱼、带鱼、虾等;蔬菜类可选:香菜、白菜、大蒜、萝卜、黄花菜等。

狗肉和羊肉是冬季滋补的最佳食品,尤其是一些老年人与一些肾气弱的男性,皆可以适当地多食用一些。并且,一些体质虚弱的老年人，冬季可以常食炖母鸡、精肉、蹄筋，常饮牛奶、豆浆等，以增强体质；对于男性肾气弱者，可适当地配合服用一些中药补品，如鹿茸、枸杞、核桃仁、龟板等；另外，需要防风、御寒、活血的老年人，也可以在每天晨起床后，服用一小杯人参酒或黄芪酒。

女性朋友在冬令时节饮食进补也不可麻痹大意，特别是到了更年期的女性，在冬季更要重视补养肾精。平时可以适当地服用一些补肾养血之品，如阿胶、当归、枸杞、核桃仁等。

第五章

锻炼身体：早睡早起身体好

——提高睡眠质量

登山登山，活过神仙

"登山登山，活过神仙。"这句谚语告诉我们，登山是一项有助人体身心健康的活动。登山的过程，就是磨炼自己意志的过程，也是征服自己、征服衰老的过程。登山还可以锻炼下肢，舒筋活血，锻炼心肺功能。另外，登山可以使人开阔胸怀、心情愉快，自然就会减少疾病，达到长寿的目的。

登山活动对人体有很大的好处，从医学角度来说，它对人的视力、心肺功能、四肢协调能力、体内多余脂肪的消耗、延缓人体衰老等方面有直接的益处。

治疗近视有一个最简捷的办法，就是极力眺望远处，放松眼部肌肉。高山之中，尤其是在山顶之上，可以让目光放至无限远,解除眼部肌肉的疲劳。

行走在山间,对于改善肺通气量,增加肺活量、提高肺的功能很有益处,同时还能增强心脏的收缩能力。大家公认,跑步对增强心脏是最有效的,而登山的功效也是不可忽视的。

山间道路坎坷不平,穿行此间有益改善人体的平衡功能,增强四肢的协调能力。尤其是行走在没有经过人为修饰的非台阶路段,可使人体肌纤维增粗、肌肉发达,增强肢体灵活度。

登山能大量消耗人体内聚集的脂肪组织,尤其是腰、腹部的脂肪组织。因为爬山属于有氧运动,能使肌肉获得比平常高出10倍的氧气,从而使血液中的蛋白质增多,免疫细胞数量增加,帮助体内的有害物质排出;在促进新陈代谢的同时,还可以加快脂肪消耗,具有强体、保健及辅助治疗之功效,其价值对于久居城市的人尤为明显。

登山也有塑形,改善关节功能,保持肌肉和运动器官的协调,减少骨质疏松的功效。

除此之外,登山运动也是调节心情的一剂良药。在风景秀丽、空气新鲜的山峦进行登攀时对神经官能症、情绪抑郁和失眠等症都有良好的治疗作用。

登山还能激发人的智慧、磨砺意志、开阔胸怀。

登山是一项利用自然条件进行全身性锻炼的有氧运动,其消

老人言

耗热量大约比游泳多 2.5 倍，比跑步，打羽毛球都要多。脚是人体之根，经常爬山可以增强下肢力量，提高关节灵活性，促进下肢静脉血液回流，预防静脉曲张、骨质疏松及肌肉萎缩等疾病，而且能有效刺激下肢的 6 条经脉及许多脚底穴位，使经络通畅、延缓衰老。骨质疏松最直接的影响是易发生骨折，而登山可以让人的腿部灵活、腿脚有力，大大减少摔倒的概率。在发生骨折的部位，髋关节骨折对人的影响最大，发生的概率也很大，而登山时要高抬腿，增加了大腿骨的活动范围，使大腿骨粗壮有力。骨质疏松要补钙，登山增加胃动力，阳光下有利于维生素 D 促进钙的吸收和利用。

登山时双臂摆动，腰、背、颈部的关节和肌肉都在不停地运动，促进身体能量的代谢，增强心脏功能。

登山虽然有益，但有些事情一定要注意。

第一，要准备好装备。一双登山鞋，鞋底沟纹深一些，免得打滑。可以护住脚踝，下雨、下雪不会湿到里面。穿鲜艳好洗的衣服。山里树密，很容易掉队，衣服鲜艳容易被发现。最好准备一根登山杖。下山时身体前倾，容易摔倒，下雨、下雪山路湿滑有杖支撑保险系数高多了。如果遇到野兽什么的可以当武器。

第二，多带水，装些巧克力备用。带一些常用药：创可贴、风油精、速效救心丸等。爬山时不要大量喝水吃东西，爬山时心脏负担重，供血不足，如果此时吃东西、喝水，一部分血液要流到胃里，心脏供血更少，人会因缺血而心慌头晕。

第三，山上很美，景色宜人，如果看景要停住脚步。因为山路大都狭窄，石头树藤很多，容易出事。如果脚受伤，行走和救护都很困难。

第四，登山时不要着急，最忌快走，尤其是刚开始的时候。速度要慢，一步一步适应，慢慢调整呼吸。不要往上看，一看山顶还那么远，容易泄气，脚更没劲了。其实大家体力都差不多，只是有人耐力更好。刚开始不要爬得太高，30分钟左右就休息。

登山是进行脚力锻炼的最佳方式之一。登山可以明显提高腰、腿部的力量，耐力，身体的协调平衡能力等身体素质，加强心、肺功能，增强抗病能力。要想身体健康，越活越年轻，就要经常登山。

要健脑，把绳跳

"要健脑，把绳跳"这句谚语告诉我们跳绳既健脑又健身。跳绳时身体不停地震颤，脊柱、下肢等处骨骼反复地撞击，会促进骨内血液循环,增强新陈代谢,不仅如此还有减肥的功效。

跳绳对健脑的作用越来越为人们所了解。跳绳时,全身肌群需要协调配合,以下肢的弹跳和后登动作为主,手臂时时摆动跳绳,腰部也要配合上下肢扭动,所以全身肌群都调动起来;呼吸加深加快,呼吸肌(即肋间肌、膈肌等)也都参加运动,心肺功能得到锻炼;同时,手指上的穴位不断受到绳子的刺激,刺激不断传导给大脑,可兴奋脑细胞,进而增加脑细胞的活力,提高大脑的功能。跳绳对健脑大有裨益。跳绳是小学生调节高级神经、增强智力的好方法。

跳绳是大家公认的一项运动量较大的活动,跳绳看似简单,却调动了全身运动器官,增强了机体有氧代谢功能;是一种提高力量、速度、耐力、柔韧和灵敏等综合素质很好的传统体育项目。跳绳时,足部、下肢肌肉的收缩对血液流动的促进作用,尤其重要。全身回流血液的增多势必加大心脏的排血功能和肺脏的换气作用。经常跳绳的孩子,心、肺功能一定是健康的。

跳绳花样繁多,可简可繁,随时可做,一学就会。特别适宜在气温较低的季节作为健身运动,而且对女性尤为适宜。从运动量来说,持续跳绳10分钟,与慢跑30分钟或跳健身舞20分钟相差无几,可谓耗时少、耗能大的有氧运动。另外一个方面,跳绳能增强人体心血管、呼吸和神经系统的功能。研究证实，跳绳可以预防诸如糖尿病、关节炎、肥胖症、骨质疏松、高血压、肌肉萎缩、高血脂、失眠症、抑郁症、更年期综合征等多种疾病。对哺乳期和绝经期妇女来说，跳绳还兼有放松情绪的积极作用，因而也有利于女性的心理健康。法国健身专家莫克专门为女性健身者设计了一种"跳绳渐进计划"。

初学时，仅在原地跳1分钟，3天后即可连续跳3分钟，3个月后可连续跳上10分钟，半年后每天可实行"系列跳"——如每次连跳3分钟，共5次，直到一次连续跳上半小时。一次跳半小时，就相当于慢跑90分钟的运动量，已是标准的有氧健身运动。

第一步，选择一条适合你的绳子。长度应就个人的高度而定。其计算方法应约为个人腰际以下高度的两倍，长度适中的绳子可以畅顺地绕过身体及头部。过长或过短的绳子会令跳绳动作不协调。

第二步，选择适合的运动鞋。为减轻脚部因跳绳时与地面接触而产生的撞击力，应选择有避震或弹性设计的运动鞋较佳。

第三步，跳绳前须做热身运动。热身运动应以伸展动作为基础，每个动作须保持8～10秒钟，以达到肌肉柔和舒缓地伸展，使肌肉能充分地准备接受进一步的运动量。一般而言，

老人言

全套热身运动所需时间长约 10～12 分钟，但也须配合当时天气的温度，加长或缩短，务求能使身体体温轻微上升和呼吸畅通为止。

第四步，跳绳姿势要正确。眼向前望，腰背要伸直沉肘，手臂与手肘约成 90 度角为准，脚尖或前脚掌有节奏地踏地跳。

第五步，跳绳后须做舒缓运动。将身体尽量放松，深呼吸，可利用散步方式疏松身体各部分，直至体温和呼吸恢复正常为止。

跳绳时应穿质地软、重量轻的高帮鞋，避免脚踝受伤；绳子软硬、粗细适中。初学者通常宜用硬绳，熟练后可改为软绳；选择软硬适中的草坪、木质地板和泥土地的场地较好，切莫在硬性水泥地上跳绳，以免损伤关节，并易引起头昏；跳绳时需放松肌肉和关节，脚尖和脚跟需用力协调，防止扭伤；胖人和中年妇女宜采用双脚同时起落。同时，上跃也不要太高，以免关节因过于负重而受伤。

跳绳能增强人体心血管、呼吸和神经系统的功能。跳绳能增进人体器官发育，有益于身心健康，强身健体，开发智力，丰富生活，提高整体素质。跳绳时的全身运动及手握绳对拇指穴位的刺激，会大大增强脑细胞的活力，提高思维和想象力，因此跳绳也是健脑的最佳选择。总之，跳绳是一项全身运动。

在跳绳中，人体的各个器官和肌肉以及神经系统同时得到锻炼和发展。

运动使人长寿，中年起步也不晚

所谓"运动使人长寿，中年起步也不晚"，是说运动可以使人获得健康与长寿，但它不是年轻人的专利，中年人及老年人只要能够进行适宜的运动，也能达到健康长寿的目的。

通常，人在步入中老年之后，在新陈代谢的降低之下，身体的各器官的功能会随之发生一系列退行性改变，使人体开始出现衰老的症状。不过，中老年人机体的结构和功能，还仍然存在着提高和改善的可能性。如果经常进行一些合理的体育锻炼，使机体承受一定的运动负荷，就可以促进全身的血液循环，为全身的组织细胞提供更多的能量，产生更多的氧气和营养物质，使中老年人的生理机能得到改善和提高。

因此，通过有益的运动，可以大大改善中老年人体内组织细胞的代谢过程，增进各器官，系统功能对运动负荷的适应，减轻机体的老年性退变，及减慢其发展进程，从而达到推迟衰老和增进健康的目的。所以说，体育锻炼对中老年身体健康有着诸多影响与效益。具体益处有以下几点：

一、运动可以防止骨质疏松,改善骨骼血液循环。调查研究发现,那些经常锻炼的中老年人,其骨骼的血液循环会得到良好的改善,他们的骨骼的物质代谢会增强,可以有效防止无机成分的丢失,使骨骼的弹性、韧性增加,从而有效地防止骨质疏松症。调查显示,一组长期练习太极拳的老人与其他不进行运动的同年龄人对照比较,发现两者之间脊柱骨质疏松发生率为36.6%和63.8%,这说明,运动可以增强关节的坚韧性,提高关节的弹性、灵活性和协调性。所以,对防治老年性关节炎,防止关节附近肌肉萎缩、韧带松弛、滑液分泌减少和关节强直等均有良好的效果。

研究发现,中老年人经常运动可以使骨外层密质增厚,使骨内层的松质结构发生适应性变化,从而坚固骨质,有利于增强骨骼的抗折断、弯曲以及扭转性。因此,运动可以预防中老年性骨质疏松、中老年性骨折,延缓骨骼的衰老过程。

二、增强消化液分泌,加速营养吸收。中老年人长期坚持运动,可以加强消化系统的功能,使胃肠道蠕动加快,从而改善血液循环,增加消化液的分泌量,还可以加速营养物质的吸收,同时还能改善和提高中老年人的肝脏功能。

三、提高免疫力,减少疾病。中老年人经常运动,还能提高因为年老逐渐降低的免疫力,从而增加身体抵抗疾病的能力,可以减少感冒、扁桃体炎、咽炎、气管炎、肺炎等疾病，以及因气管炎引起的肺气肿、肺心病等。

四、运动可以提高心脏功能，降血压。中老年人常运动，有助于控制中老年人动脉粥的硬化发展，防治高血压和冠心病。经常运动能提高心脏功能，使心肌兴奋性增高、收缩力加强，使冠状动脉扩张、使血流改善，从而使心肌利用氧的能力提高。而且，运动还能帮助中老年人降低血脂，从而减少中老年人心血管疾病的发病率。这是因为经常参加锻炼，不但可以大大推迟心血管系统的老化过程，还能锻炼血管收缩和舒张功能，加强血管壁细胞的氧供应，从而改善脂质代谢，降低血脂，延缓血管硬化。

五、预防大脑衰老，减缓脑萎缩。中老年人坚持运动，可推迟全身衰老，防止老年性疾病，尤其能防止脑动脉硬化，维持大脑良好的血液供应。所以，那些坚持运动的中老年人，脑动脉血中氧含量会升高，使脑细胞的氧供应得到改善，从而减缓脑萎缩。并且，运动还能使中老年人的大脑皮层神经过程的兴奋性、均衡性和灵活性提高，能改善中枢神经系统的机能，由于反应的潜伏期缩短，从而使中老年人精力充沛、动作敏捷，很好地预防大脑衰老。

六、改善肺脏功能，增加吸氧能力。由于人的呼吸系统，会

老人言

随着年龄增长而发生三个最主要的变化：肺泡体积逐渐增大，肺的弹性支持结构蜕变，呼吸肌力量减弱。鉴于此，中老年人更要多运动，以改善肺功能。因此，经常运动可增加呼吸肌的力量和耐力，增加肺通气量，提高肺泡张开率，保持肺组织的弹性、胸廓的活动度，延缓因肺泡活动不足而加厚的老化进程。

所以，中老年人经常进行系统锻炼，可使安静时的呼吸频率减少到8～12次/分钟，肺活量均比一般老年人大，这样改善了肺脏的通气和换气功能，就可以提高全身各内脏器官的新陈代谢。

有研究员称，即使人到中年，如果能够改变以往不良的生活习惯，多锻炼身体，经常运动，采用健康的生活方式，仍然可以降低发生心脏病和早逝的风险，保证身体的健康。

专家研究认为，如果一个人能在中年时期开始，每周至少运动2.5小时，每天吃5种以上的水果蔬菜，并且能保持体重以及不吸烟等的良好习惯，那么就能将心脏病的风险降低35%，而且，如果能将这些习惯维持四年之后，那么死亡风险率就会降低40%。据研究人员说，人在中年后采用健康生活方式的人，基本上也可以收到同样的效果。在四年中，他们的死亡率和心脏病发病率与一直坚持以上行为的人基本持平。

这说明，一个人即使在中年之前没有健康的生活方式，但现在改变也还不算晚，并且几乎可以立刻收到好处。研究发现，开始健康生活稍晚的人也可以收到和那些一开始就坚持每天吃蔬菜和步行 30 分钟的人一样的效果。中年时期进行生活方式改变的人，在晚期开始坚持运动锻炼，饮食上坚持吃水果蔬菜。开始这些良好习惯以后，那么，所患心脏病风险和任何原因导致的死亡风险都急剧下降。因此，良好的生活方式，与适当的体育锻炼，可以是延长中老年人寿命。

通常，人在 40 岁以后，其皮下组织会逐渐萎缩，这样就会导致皮肤日益变薄并发生皱裂。研究发现，这时如果能适量地进行体育运动，则可以加快人体的血液循环，使人的皮肤获得更多的营养，从而避免上述情况发生。

出汗不迎风，跑步莫凹胸

通常，运动后身体都会出汗，而出汗后吹风却易患上伤风感冒；再者，如果跑步时凹胸，就会缩小胸腔范围，降低肺活动的能量，这样极不利于心脏跳动，会造成供血不足。因此就有健康谚语："出汗不迎风，跑步莫凹胸"之说。

通常，人在运动之后极易出汗，这是人体因为周遭环境温度上升，为了不使肌体温度过高而出现问题，这时皮肤下边的汗腺组织，就会顺着汗毛孔分泌出一些体液，使其蒸发带走体内过高的温度，从而保持体温正常的一种方式，这就是皮肤出汗的原因与过程。然而，当进行运动锻炼而大量流汗后，如果在风大的地方吹风，就极易患上伤风感冒，影响身体健康。

在生活中，有很多人锻炼后，出了一身的大汗，就会站在有风的地方休息，或者干脆对着电风扇、空调猛吹一通。然而，这样确实不感到热了，可是随之而来便给身体带来了健康隐患。因此，出汗的时候不宜受强风吹，尤其是立即吹风更是不可取的。而且，在跑步的时候，也不要逆风，因为在跑步时，人的呼吸会加快、加深，这时风中的一些细小微粒、细菌等物就很容易随风进入肺部，从而引发肺部疾病。再说，当逆风跑步时，常常感觉会有呼吸困难的现象，这样就会给人体造成氧气供给不足，并且严重的还会导致死亡。因此，平时跑步锻炼身体时，一定要注意避开风向以及强风吹。

在冬天，大量的冷空气由嘴进入体内，会造成腹泻、腹绞疼。因此，锻炼流汗后，切不可站在风大的地方吹风。而最好的保健方式是及时地将身上的汗水擦干，并且要脱掉出汗的运动服装、鞋袜，换上干爽洁净的衣服，还要戴上帽子，防止热量散失过度而着凉。

挺胸能够塑造人的形体美，让人充满自信、精神焕发、朝气蓬勃。更重要的是，常保持抬头挺胸姿势，可以减缓腰颈椎病变，使胸围增大，还能使肺活量增加 10%～30%，这样就会使肺腔容纳更多的空气，从而提升血液的含氧量，并会使更多的氧气参与体内的新陈代谢，可以减轻人体的疲劳程度，加速体力的恢复与健康。因此，无论是站立、坐着，还是跑步、走路时，都应养成昂首挺胸的习惯。

尤其是在跑步时，一定要挺起胸脯。因为这时人的呼吸量相当的大，需要频率相当的心脏跳动以及足够的氧气，才能供给身体运动的所需。这时的姿势如果是凹胸，那么，将会缩小胸腔的容量，使肺活量大大降低，使胸腔内空气量减少，从而造成血液的含氧量低下，并会使心脏的跳动受到限制，这样就不利于呼吸，更不利于健康。因此，一个人如果经常低头凹胸，那么，时间一长就容易导致脊柱弯曲、驼背，并且易患上肩胛部炎症和颈椎病，而且还会加速人的衰老。因此，经常保持凹胸的姿势是不可取的。

正确的跑姿是头要正对前方，两眼注视前方。而且，肩部还要适当放松，以避免含胸、驼背。动作要以肩为轴，前后摆臂；落地时，要用脚的中部着地，并让冲击力迅速分散到全脚掌。这样的运动才到达到健康的效果。

此外，对于那些久坐办公室，以及处于生长发育期的青少年，平时更要挺胸抬头。因为只有挺起胸脯才能减轻背部压力，而且还可以预防背痛、防治佝偻病。另外，那些患有支气管疾病的老年人，如果能经常保持昂头挺胸的姿势，还能提高肺部功能，改善各类肺部疾病。

所以，凡是爱好运动的人，都应该记住遵循这条健康谚语："出汗不迎风，跑步莫凹胸。"

经常运动的人，还要知道出汗量的多少与运动强度大小有关。一般来说，运动强度愈大，产热也就愈多，出汗也越多。但是，那些经常锻炼的人，因为肌肉与其机能都比较强壮，因此参加同样强度的运动时却毫不费力，出汗很少；而相反，那些不常运动的人，稍运动，就会感到十分疲劳，大汗淋漓。

太阳是个宝，常晒身体好

世间万物的生长多依靠太阳，作为人类，我们的生活和身体健康也同样离不开太阳。要知道，太阳光是维持人体生命活动必不可少的物质，如果长期缺乏阳光照射，不但会影响人体对钙的吸收，还极易使人产生骨质疏松、失眠、健忘、佝偻病、抑郁症、记忆力下降等各种症状。所以，阳光是我们的身体健康不可缺少的"维生素"。

晒太阳是"免费"的保健方式。如果我们能在阳光不太强烈的时候，适当晒晒太阳，就会增强身体的抗病力，收获到更多健康。

然而，尽管晒太阳有着诸多好处，但是生活中却有很多人对晒太阳的习惯敬而远之。尤其是一些爱美的女性，每当盛夏时节几乎不出家门，生怕自己的肌肤暴露在阳光下变黑，有位女士这样说："有时候阳光照着确实挺舒服的，可一想到皮肤会变黑，我就放弃晒太阳了。"

平时最该晒的"太阳"，总是被相当一部分人"冷落"了。因此，越来越多的疾病也陆续"找上门来"。比如抑郁、维生素D和钙缺乏，以及佝偻病、骨质疏松和皮肤癌等。那么，多接触阳光，对身体有哪些好处，与太阳"亲密接触"时该注意什么呢？

经研究发现，人们常晒太阳，不但能预防癌症，还能缓解人的抑郁情绪，使人变得快乐开朗。据精神病专家说，和煦的阳光，可以缓解人们压抑的情绪。而日照时间的减少，也是引起季节性情感障碍的主要原因。其实在生活中我们也会发现，不少人一到阴雨绵绵的天气，就会失眠、胸闷、烦躁，有的人还会显得心神不宁。这是因为人在阴雨的天气中，体内的褪黑素分泌相对增多，而这种褪黑素又与人的抑郁情绪密切相关。人在落寞无聊时，出去晒晒太阳散散步，内心的不快便会随阳光而消散。

此外，阳光中的紫外线可是个宝贝，它可以帮我们杀死皮肤上的细菌，增加皮肤的弹力和抵御外来细菌。因此，多晒太阳能使你的皮肤更加健康，不易生疮、痘和皮肤病；它还可以杀灭空气中的许多细菌，使空气中弥漫的许多霉菌无法存活。

另外，晒太阳还可以防癌。有专家说，由于我们的皮肤，只有在接受紫外线辐射后才能产生维生素D，而维生素D能消除肿瘤形成的血液环境，从而达到预防结直肠癌、前列腺癌的作用，而且，就人类目前的医学情况来说，还没有任何营养素，在防治癌症方面能和维生素D媲美。

每到炎炎夏日，阳光似乎都不受欢迎。殊不知，阳光却是大自然赐给我们的取之不尽、用之不竭的健康资源，万物生长靠太阳，若能利用好阳光，它将是我们治病延年的一大法宝。下面让我们来看一下，常晒太阳有哪些好处：

阳光有自然消毒抗菌的作用，它可以杀死病毒和细菌，从而成为"自然抗生素和消毒剂"。

通过实践人们发现，流感在冬季高发与晒太阳少有关。因为少晒太阳使得人体内的维生素D合成减少，从而导致免疫力低下。并且，晒太阳少使得紫外线的杀菌作用没了"用武之地"，让流感病毒有机可乘。

常晒太阳，有助于提高肝脏功能，进而更顺畅地过滤和排出体内毒素。而且晒太阳时使血液循环的加速，也可以促使人体有效地排毒。

适当晒太阳可增加红细胞和白细胞数量，有增强人体免疫系统的功效。

实践还发现，常晒太阳还有助于减肥。因为阳光有助于促进身体新陈代谢，保持血糖持平的功效。

一些科学家认为，阳光可以激发精子的活力，这也是女性在夏季怀孕概率高的原因，因为维生素D能在精液产生过程中起决定作用，而缺少它则可能导致不育。

阳光还可以促进褪黑激素的产生，由大脑松果腺产生的褪黑激素可辅助睡眠，因此，阳光还有促进良好睡眠的作用。

由于阳光有扩张皮下血管、促进血液循环、降低血压、促进心脏健康的功效，因此，常晒太阳还可保护心脏。

虽然晒太阳对健康大有裨益，但也不能不顾时间、强度的一味暴晒。因此，晒太阳也要根据不同年龄段的人对日光的承受能力从而选择不同的时间、方法等，下面让我们来详细了解一下：

一、老年人每天两次，选在早上10点前和下午4点后，每次20～30分钟。这两个时间段，阳光中的紫外线A光束增多，是老年人储备体内维生素D的大好时间。接受适量阳光，有助于防治骨质疏松和抑郁症。但晒太阳时也要有度，一旦引起皮肤发红、脱皮等，要立即暂停。

二、年轻人。每天要晒 1～2 个小时，可选在上午 6～10 点和下午 4～6 点进行。年轻人新陈代谢能力较强，钙质流失较快，需补充较多的维生素 D，所以，平时应尽量多晒太阳。

三、少年儿童。对于儿童来说，这时身体成长发育得最快，需大量的维生素 D 来辅助身体吸收钙，所以更应该多晒太阳，不过要避开正午 12 点至下午 4 点之前的阳光。其余时间都可以沐浴阳光，因为缺乏维生素 D，会导致儿童生长缓慢。

四、婴幼儿。婴幼儿由于皮肤娇嫩，容易被灼伤，所以要选阳光不强时的清晨或傍晚，每天一次，每次 15～30 分钟即可。

少跷二郎腿，保护背和腿

"常跷二郎腿，坏了背和腿"，这句谚语告诉人们常跷二郎腿的坏处。跷腿，容易弯腰驼背，造成腰椎与胸椎压力分布不均，长此以往，就会压迫脊椎神经，引起下背痛。

静脉曲张是一种因静脉长期处于扩张状态而导致的慢性病；腿部最为多见，严重者常出现腿部静脉回流不畅、青筋暴突、溃疡、静脉炎、出血和其他疾病。据美国纽约市静脉治疗中心负责人纳瓦罗说，跷二郎腿还会妨碍腿部血液循环，造成腿部静脉曲张。他调查发现，在35岁以上喜欢跷二郎腿的美国妇女中，有一半人患有程度不等的静脉曲张症，另一半人也常感到腿部有种种不适。

跷二郎腿坐着的时候容易弯腰驼背，造成腰椎与胸椎压力分布不均，长此以往，势必压迫脊椎神经，引起下背痛患。下背痛的女性多因腰椎过于前凸或后弯导致的。美国科学家最新调查研究发现，对于长期久坐的上班女性来说，下背痛可能是最多见的一种疾病。其直接原因大多是脊椎变形所致。据介绍，正常脊椎从侧面看应呈"S"形，腰椎过于前凸或后弯都会使脊椎神经受到压迫而疼痛。

上班族和爱美的女性，应坐有坐相，改变跷二郎腿的不良习惯，最近美国一些医生已发起要求妇女"停止交叉双腿一天"的运动。

经常跷二郎腿可影响男性生殖健康，甚至可导致不育症。因为跷二郎腿时，两腿通常会夹得过紧，使大腿内侧及生殖器周围温度升高。对男性来说，这种高温会损伤精子，长期如此，可能影响生育。

如果你一时改不过来的话那跷腿的时间也不要过长，几分钟便应变换一种坐姿，或一小时后，站起来活动一下筋骨。而且跷二郎腿最好别超过10分钟，两腿切忌交叉过紧，如果感觉大腿内侧有汗渍渗出，最好在通风处走一会儿，以尽快散热。

平日的坐姿也与腿形有关，专家告诫说，人们应当尽量减少跷二郎腿，经常保持双脚平放地面的坐姿，以保持血流通畅。需要长时间坐在办公室的女性，腿部较少机会得到伸展，所以要注意正确的坐姿以及坐着时腿部的活动。标准的美丽坐姿是"与椅子的形状一样"。背脊与椅子的靠背吻合，背部肌肉自然放松，身体和大腿、大腿和膝盖下的小腿成90度直角。两腿的姿势就很优雅合并，向前或向两侧摆放即可。此外，工作一段时间要起身活动活动腰部和腿部，不要因为长时间采用一种姿势而损伤了身体。

跷二郎腿的害处多，长期跷二郎腿的人容易弯腰驼背，造成腰椎与胸椎压力分布不均，长期跷二郎腿可能会压迫脊椎神经，使得腰椎过于前凸或后弯，引起下背疼痛。所以一定要把这个坏习惯改掉。

没事常走路，不用进药铺

"没事常走路，不用进药铺。"这句话告诉我们，健走也是健身的方法之一，因此历代养生家们都认为"百练不如一走"。这是因为走路时四肢自然而协调的动作，可使全身关节筋骨得到适度的运动，促使气血流通、经络畅达、有利关节而养筋骨，还能畅神志而益五脏。所以，唐代大医家孙思邈曾提倡"行三里二里，及三百二百步为佳，令人能饮食无百病"。这足以说明，经常走路锻炼能身体强壮、延年益寿。

《黄帝内经》说："夜卧早起，广步于庭"，提倡人们早晨起床后应到庭院里走一走。还有《紫岩隐书》中也说："每夜入睡时，绕室行千步，始就枕。"此外，人们常说"人老腿先老，腿老先老脚"，而走路也是预防腿部疾病与腿部衰老的最好方法。那么，常走路为什么会有如此诸多的功效呢？

我们的人体有一个主要的经络——肾经，它可是人的元气、精气储藏的经络。在这个经络上，有一个重要的穴位——涌泉穴，可以主治神经衰弱、失眠、高血压、晕眩、精力减退、妇科病、糖尿病、过敏性鼻炎、更年期障碍、肾脏病等。因此，此穴又称为"长寿穴"，并且还有美容的效果。由于涌泉穴位于人的脚底中间凹陷处，也就是足掌的前三分之一处。因此，适当的行走就是对足底涌泉穴的最好按摩，因而起到保健效果非常明显。

步行健身，益处多多，人人适用。平稳而有节律的步伐，不但可以加快、加深呼吸，满足肌肉运动时对氧供给的需要，还可以提高呼吸系统机能。当快步走路时引起的腹壁肌肉的运动,能对胃肠起到按摩的作用,它不但有助于食物消化和吸收,还可防治便秘。此外,膈肌活动,有类似气功的妙用,可以增强消化腺的功能。

健走可以防止老年人心功能减弱。这是因为走路对内脏有间接按摩作用,要知道,在走路时为了适应运动的需要,心肌就会加强收缩,促使血液的输出量增加,使血流加快,如此一来对心脏起到了间接按摩的作用,从而起到防止心功能减弱的效果。

同时,走路还是打开智囊的钥匙,可以提高大脑的思维能力。这是因为走路能使身体逐渐发热,加速血液循环,使大脑的供氧量得到增加,从而成为智力劳动的良好催化剂。所以,散步对脑力劳动者非常有益,因为轻快的步伐可以缓解神经肌肉的紧张而收到镇静的效果,尤其是血液循环加快产生的热量,可以提高思维能力。

由于走路有美容、健身的作用,因此,适当的健走可以使女性维持青春容貌,也可以帮助治疗一些疾病,使身体尽快痊愈。

一般来说,那些常年患有手脚冰凉、尿少水肿、大便费力、头晕脚软、睡眠不实、胸闷气短等症状的女性,如果坚持采用"坠足功"健走,每日健走"坠步"500米,长期坚持就可以将这些症状一扫而光。

但务必要掌握行走的要领：

一、要表情放松。抬腿时，要感觉异常沉重；刚勉强抬起一寸，却又重重地落下；而想停下歇一歇时，可后边还有人推着你，使你不得不一步挨着一步地向前"坠落"，如此一定要使全身各处的肌肉，随着自己脚步的起伏而上下自由地颤动。

二、要保持端正的姿态。使两手弯曲自然下垂，随意地放于腰间两侧，并且手掌要处于完全的"肌无力"状态。

三、全身所有的意念，要全部集中在前脚掌。并要用意念往脚底加力，使每踏出一步都好像要把水泥地砸出个坑一样。一定要记住不可使肌肉用力，而要用意念使力，也不要额外地做出用脚跺地的动作。应像铅球坠地般，而不是铁锤砸地，最好能把脚想成是"自由落体"。

此外，不同年龄段的女性，有不同的健走秘籍，只要掌握了要领，就可以达到健美、健康的效果。下面我们详细学习一下：

一、老年女性

中医认为，人衰老的主要原因是肾气虚衰。而在走路时，如果能用脚后跟行走，就会刺激肾经穴位，从而达到健身延寿的效果。因此，一些老年女性平时可以通过适当的健走来延缓衰老。但是，健走时一定要掌握行走的步法与要领，可采用前进和倒走法：

首先，身体要自然直立、头要端正、下巴内收、双目平视；而且，上体要稍为前倾一些，臀部应微微翘起来，两脚要形成90度，并呈外展状。其次再将两脚脚尖翘起来，要直膝，接着就可以依次使左右脚向前迈进，或依次左右脚向后倒走；最后还要使两臂自由地随着摆动，并要呼吸自然。

二、更年期女性

一般来说，女性进入更年期后，身心都会发生很多变化，这个时候坚持健走，就会改善更年期综合征。其健走要领，是利用一切走路的机会。比如，平时逛商场、接送孩子去学校、上下班，或者利用周末的郊游时间，在这些时候一定要坚持步行，穿上舒适的鞋子，用鼻腔呼吸，最少要一次持续时间在30分钟以上，直至感到微微出汗。

三、中年女性

通常，人到中年，肚子的体积明显增加，特别是女性往往都有"小肚腩"，而健走则可以有效减掉"小肚腩"丰隆的状态。其健走要领如下：

爱美的女性，在平时走路时腰腹应轻微地扭动一些，同时还应双手呈微握拳状，可以保持每分钟100～120步的速度。如果是在公园清闲散步时，可以边走边用手从肚脐两侧轻轻地敲打至背部平行位置，如此坚持30分钟左右，并使身体微微出汗。

四、白领女性

法国思想家卢梭所说："散步能促进我的思想，我的身体必须不断运动，脑力才会开动起来。"因此，整天伏案工作的脑力劳动者，如果能经常到户外新鲜的空气之处走动走动，不但可放松紧张的大脑皮层细胞，还可以提高工作效率。

特别是一些白领女性，不仅可以在健走中获得解决问题的灵感，还可以激发体内活力、维持青春。所以，想拥有智慧与漂亮的女性，可以根据自身的状态，坚持每天健走一会儿。可以健走在上下班的路上，也可以在办公地或居住地附近的小区花园，健走时可掌握每分钟60~100步，用鼻腔吸气，并深吸吐纳。

走路健身，虽然好处很多，但要控制好步速，才能事半功倍。一般来说，缓步70步/每分钟左右：可使人稳定情绪、消除疲劳，亦有健脾胃、助消化之作用。因此，这种方式非常适于那些年老体弱者适用；快步120步/每分钟步左右，这种方式可以兴奋大脑、振奋精神，使下肢矫健有力。因此，它适于身强体壮的年轻人。

老人言

生命在于运动

现代奥林匹克运动创始人顾拜旦曾作《体育颂》，充满深情地赞美体育运动。

啊，体育，天然的欢娱，生命的动力。啊，体育，你就是美丽！啊，体育，你就是正义！

啊，体育，你就是勇气！啊，体育，你就是荣誉！啊，体育，你就是乐趣！啊，体育，你就是培养人类的沃土！啊，体育，你就是进步！啊，体育，你就是和平！

随着经济的发展和社会环境的变化，现代人的保健理念出现了新的变化，不少人的运动保健理念有所增强，运动健身的理念越来越根植于人们心中。

"生命在于运动"是至理名言。体育运动是健身的法宝、增寿的诀窍。从强身健体的意义上讲，任何人都需要锻炼，对于老年人来说，生理功能逐渐衰退，健康状况逐渐变差，各种慢性病接踵而来，也就更需要参加健身运动。

专家们认为，人的寿命长短，15%～20%取决于遗传因素，80%～85%取决于非遗传因素。遗传因素是不可改变的，而非遗传因素，诸如生活环境、生活方式、医疗保健、体育锻炼等，取决于人类自己，尤其是体育锻炼。

运动，可以保健强身。

有句谚语说得好，"常动则筋骨强，气脉舒"，"一身动则一身强"。只要坚持运动，加强锻炼，即使体弱多病的"缠绵之身"，也能变得身强体壮，甚至"立成铁柱"。

运动，可以预防疾病。

有一首歌唱道："有啥别有病。"一旦你疾病缠身，那么困扰你的就不仅仅是经济上的负担，更有心理、生理上的压力。要摆脱这种困扰的最佳方式便是预防，而运动便能非常有效地起到预防作用，让你远离这种威胁。

运动，可以使人快乐。

运动可以让人变得更有魅力。许多人亲身的体验可以证实，人天生是爱运动的，就像人天生爱音乐一样。不论是在山林里漫步，或是在水中悠游，让自己放松，把身体交给大自然，好好地流一身汗，唤醒身体的活力，人自然就会变得有魅力。

运动，可以延年益寿。

光阴似箭、人生易逝是一个永恒话题，从"逝者如斯夫"到"人生不满百，常怀千岁忧"，到"高堂明镜悲白发，朝如青丝暮成雪"，这充满无奈的沉吟一直回响在我们耳边。于是，便有了始皇帝的童男童女下瀛洲，便有了方士丹药的流行。当这些并不能达到预期的效果时，人们开始及时行乐，在短暂的人生中享受最大的乐趣。的确,生老病死是自然规律,在历史与规律面前,谁都无能为力。人的衰老是不可避免的,但衰老是可以延缓的。人们一直在追求延缓衰老的方法,但往往把希望寄托在某些药物上,却忽略了运动的价值。通过运动,可以增强人体组织器官的功能,延缓人体衰老的过程。同时,运动还可以调整人的心理状态,可以使人释放外界的压力和缓解心情的紧张,保持年轻的心理。

运动,可以改善人际关系。

虽然运动的形式多种多样,但不论你从事哪一项运动,都需要与人接触,需要别人的帮助。大家在一起运动,既可以相互交流练习的心得,又可以相互指正动作。实践证明,人处于同一环境、状态下,易于接触和相互了解,只有彼此了解以后才会有进一步的交流。长此以往,人们就能走出自己的生活圈子,扩大交流的机会,达到改善人际关系的目的。

运动让人变得聪明,从预防心脏病、血管疾病、高血压、糖尿病,到骨质疏松症、乳腺癌、肥胖……更美妙的是,运动对一个人的自信与创造力也有许多积极的影响。

第六章

强健身心：心病还须心药医
——好心情胜过一切良药

饭养人，歌养心

吃饭能够维持人的生命，听歌可以让人身心愉悦，排遣烦恼。因此，谚语有"饭养人，歌养心"之说。没错，唱歌是很重要的精神食粮，可以起到食物无法起到的作用。

中医认为，经常开怀歌唱，有泄郁解忧的作用，因而有"脾之志忧，中气郁结，长歌以泄郁"之说。是的，唱歌能吐出心中的郁闷之气，增加呼吸量，锻炼心肺功能，又能宣泄感情，还能增加胸廓扩张程度，因此，对健康很有好处。

现代养生认为，唱歌是一种呼吸新鲜空气的良好活动，随心所欲地吟唱有利于缓解日常生活中产生的疲劳与压力。研究发现，人在唱歌时可以加强胸肌的力量和呼吸机能的新陈代谢，能刺激抗体的产生，从而保护上呼吸道系统免受感染。而且，由于唱歌是声带以及体内各肌肉组织、器官疏导协调的结果，因此，可以推动气的运动，从而促进气血畅通、增强体质。

因此，唱歌有助于提高人体免疫力，因为在唱歌时能使人的血液成分发生变化。有关专家对职业歌手进行研究后发现，唱歌可以提高人体免疫系统中的免疫球蛋白A的浓度。所以，可以提高机体的抗病能力。再者，由于压力是和人体的免疫系统相关的，所以，唱歌还可以缓解压力，使人的精神轻松起来。

唱歌还被誉为"增氧健身法"，因为放声歌唱时的面部肌肉运动。可以改善颈部、面部血液循环，增加肺活量，减慢心肺功能衰退。而且，人在唱歌时通常心情愉快，通过歌唱可以把心中的郁闷忧伤宣泄出来，从而改善心理状况。因此，经常唱歌，是保持好心情的妙法。

长、短、快、慢不同的呼吸，具有促进吐出体内混浊空气、吸进新鲜空气的作用。这就是说，唱歌对生理上的健康也有帮助。

调查发现，在一些年纪大的患者当中，经常唱歌可以减少处方药用量，而门诊的就诊次数和急诊事件的发生也少了很多。尤其是各代的气功家，更是从实践中总结出了不同歌唱时的发音，能够对身体产生不同的作用。

现代医学临床上，让病者通过唱歌来治疗咽喉炎、气道阻塞、气管炎、哮喘病等，常能收到药物达不到的效果。特别是多种吐音练气法，能使人的精神高度集中，杂念全无。其方法是：采用姿势端正的腹式呼吸，嘴里发出各种长短高低不同的声音。如此能调节情志、舒通气血。

唱歌虽然对身体有诸多好处，但也并非多多益善。因为研究表明，如果持续唱歌时间过久，容易伤及声带，引起咽喉疼痛、声音嘶哑等种种不适。最好的唱歌方式唱一会儿，休息一会儿，如：唱15分钟左右，就休息10分钟左右，如此每天总的唱歌时间2小时为宜，一定要注意过犹不及。

先睡心，后睡眼

"先睡心，后睡眼。"这句俗语告诉人们，要想睡眠好，睡觉前要使自己的心情宁静下来，一心一意地睡觉。睡前恼怒、忧虑、看书、看刺激性电影等都不利于睡眠。

现在，人们身处社会转型期，无论社会环境、工作环境还是人际关系，都呈现出复杂化。社会的改革与开放，给人们带来了人生观、价值观、生活观念的挑战，许多人在为职业、为学业、为升迁日夜奔波，都感到身心疲惫不堪。我国目前心理疾病患者人数已超过了西方发达的一些国家,说明大多数人们得不到应有的身心释负。要做到身心释负,睡眠是最好的途径。

据世界卫生组织发布的一份全球健康状况的调查表明,很多国家人民的睡眠质量都存在着严重的问题。怒则气上,忧则气滞,过度忧愁和恼怒就会身虽卧而心不静,难以入睡。睡前30分钟,如进行下棋、思考难题、争论问题等紧张剧烈的精神活动,或嬉闹、大声说话,都会导致大脑兴奋,难以入睡。对于一些睡眠不好者,晚上困了时即可上床睡觉,不一定要等到规定的时间才上床。上床即睡觉,不在床上看书、看电视或者吃东西,以有利于入睡和睡得安稳。此外,养成按时起床的习惯也有利于促进睡眠。

怎样使自己保持一个良好的睡眠习惯,使自己在优质的睡眠中得到精力补充,得到心态调整活力再现?宋代理学家蔡元定的《睡诀铭》,对提高睡眠质量有很深的研究。

有的人一失眠就通过狠狠地闭眼想尽快入睡,是不正确的。失眠起于"心",许多人最开始睡不着觉缘于不会调节情绪、精神压力大、心理矛盾冲突等。有的人习惯工作、看电视、讨论热点问题至晚上12点,大脑尚处于兴奋状态,一般需要辗转一两个小时才能静下来,使得整夜睡眠质量处于浅睡眠状态。还有人失眠是由于神经衰弱造成的,患者除了失眠这一主要症状之外，常常还伴有容易兴奋、疲劳、记忆力减退、情绪波动、浑身紧张、说不清的疼痛等系列症状，是脑功能衰弱的表现。这种失眠持续3个月以上，严重影响日常生活，在排除器质性病变以后，就基本被诊断为神经衰弱。神经衰弱是常见病，患者要按照医嘱坚持治疗，合理安排饮食起居，切不可一味地吃药。

许多神经衰弱患者之所以坚持服药也解决不了失眠问题，是因为改不了透支睡眠的坏习惯。有人一天只睡3～5小时，5个工作日累计只有15～25小时的睡眠量，即便周末2天狠睡十几个小时，也达不到一周49小时的总量。如果周末娱乐过度，就会雪上加霜。所以要想治疗由于神经衰弱引发的失眠，正确的生活方式很重要。具体做法是晚饭七八成饱即可。不喝咖啡或茶。从晚上10点之前开始酝酿情绪，全身心地安静下来，尽量排除杂念，让脑子空空。

一般来讲，只要晚上10时以前进入睡眠，1～2小时即可进入深度睡眠状态。而且，还要保证睡眠时间不少于7小时。这样即便次日凌晨四五点开始工作，也不会影响白天的精神状态。如果发现一周睡眠不足49小时，就要及时补觉。周六是补觉的大好时机，完全静下心，及时补足睡眠，不要让拖欠的睡眠过周末。

其清

人的起居作息应与日起日落相吻合。虽然我们今天已进入现代文明社会，人们的活动已打破时间的限制，但是无节制的夜生活给人们的健康带来许多负面效应，亚健康已给人们带来许多麻烦。当自然界万物复苏时，人们应该做到晚睡早起，在春光中舒展你的四肢，呼吸新鲜空气，舒展阳气，以顺应春阳萌生的自然规律。

万事由心生，睡觉睡不好，还是要从心情上来调节。在睡觉前1小时前就要使自己情绪平稳，心思安静。稍稍活动自己的身体，比如睡前洗脸，洗脚，按摩面部和搓脚心，这些都是非常有助于睡眠的。

心宽能撑船，长寿过百年

"心胸宽大能撑船，健康长寿过百年。"这句话是说豁达的胸怀对人的健康极其重要。

王安石发现自己的小妾娇娘背着他与仆人偷情，虽然很生气，但是并没有当面揭穿。中秋与娇娘赏月饮酒时，吟诗道："日出东来还转东，乌鸦不叫竹竿捅，鲜花搂着棉蚕睡，撇下干姜门外听。"娇娘听后，马上跪下答道："日出东来转正南，你说这话整一年。大人莫见小人怪，宰相肚里能撑船。"

王安石见状，马上心软了。非但没有责怪两人，还赠银两让二人成亲。事情传开后，大家都夸赞王安石宽宏大量，从此，"宰相肚里能撑船"成为千古美谈。

在生活中，大家要养成乐观豁达的心态，学会正确评价自我，正确对待失误和面对挫折。紧张焦虑时，可以听听音乐、聊聊天。

喜欢笑的人一般来说乐观、长寿，较少患病，生活质量较高。为了自己的健康、幸福，要学会控制自己的情绪，养成无忧无虑的性格。

唱歌能锻炼心肺功能，又能宣泄人的不良情绪，吐出心中郁气，增加呼吸量，增加胸廓扩张的程度与心脏搏动的频率，所以经常唱唱歌，会对健康起到很重要的作用，一举两得。

有位老人很长寿，她的长寿秘诀是生性乐观，喜欢劳动，生活比较有规律，平时每晚一盅白酒，即使是过年过节也不多饮。主食是馒头，从来不挑食，倒是比较喜欢吃面食。

老人认为劳动和运动习惯的养成，能使人精神愉快、心情舒畅。她经常自己出去走走，甚至自己一个人坐公交车逛逛，自从年初摔了一跤后，身体就不好了。她还认为，睡眠时间与长寿也有关，每天睡上8小时左右，对身心健康极为重要。

老人认为自己最大的长寿秘诀是心胸豁达，从来不因为小事生气，哪怕是自己吃亏都没感觉有什么，平时对儿孙都很和蔼，从来没有呵斥过谁。

所谓心宽，就是什么事情都不要往心里去，这样就不会伤肝伤肺，人要是不上火，那么身体也就自然平和了。

保持宽阔的心胸，并不是人人都能做到的，养成乐观的态度，在现代社会尤为重要。

养生先养德，德高人自寿

养生的方法虽然很多，但唯有修心养德才是养生的总法。因此，才有"养生先养德，德高人自寿"的说法。事实证明，那些德高望重、宽以待人、乐于助人的人，不仅品德高尚，而且身心健康、快乐长寿。

如今，人们都在大力提倡养生，但却往往忽略了养生的前提——修德，要知道"养身必须养德""大德必得其寿"。因此，从养生的角度看，行善积德乃是养生的根本。对此，孔子曾经提出"德润身""大德必得其寿""仁者寿""修身以道，修道以仁"等观点；还有明代的《寿世保元》也说："积善有功，常存阴德，可以延年"等，明确地告诉我们行善、快乐与养生之间的关系。因此，优良的品德修养，有益于人的健康长寿。

为什么善良者能长寿呢？曾有一项研究课题叫"社会关系如何影响人的死亡率"。通过这一课题，研究者发现，那些心怀恶意、损人利己、与他人相处不融洽的人，其死亡率比正常人高出1.5～2倍；而那些乐善好施、与他人相处融洽的人，其预期寿命要显著延长。这是因为常常行善、心怀感恩的人，有益于自身免疫系统，而乐于助人可以激发他人的友爱感激之情，这样助人者就可以从中获得内心的温暖，从而大大缓解了日常生活中常有的焦虑。

而那些对他人怀有敌意、视别人处处为敌的人，遇到事情往往一触即发、暴跳如雷，这样就很容易使血压升高，甚至酿成任何药物都难以治愈的高血压，而且其心脏冠状动脉阻塞的程度也就越大。这是由于那些缺乏道德修养、唯利是图、整天害人者，既要提防别人对自己的报复，又要处处寻思打击别人。这样一来就会令自己终日陷入紧张、愤怒和沮丧的情绪之中，如此大脑就得不到很好的休息，而身体系统功能活动也会相对失调、免疫力下降，以致患病折寿。

正直善良、乐于助人、宁静处世、淡泊名利等良好的行为与心态，能使人的心境保持平静乐观、精神愉快，这样人的机体就会在正常而均衡的状态下运行。而这种良好的心理和精神，便能促进机体分泌更多的有益激素，从而把血液的流量、神经细胞的兴奋调节到最佳状态，增强机体的抗病能力，促进人的健康与长寿。

医学界多年来对长寿老人的研究发现，大凡长寿者，90%左右的老人都是德高望重者。因此，养生一定要在日常生活中修炼好自己的情操：

一、善良的品行

做人要正直，遇事出于公心，平常应淡泊名利，不为世俗势力所动，更不能用敌意、仇恨与他人相处。经常行善积德，无忧无惧、心境平和，使身心常处于一种最佳的状态，如此虽粗茶淡饭亦寿比南山。

二、大公无私

老子主张做人要"少私念，去贪心"，认为"祸莫大于不知足，咎莫大于欲得"。是的，一个人如果在物质享受上怀有很大的贪心，必然会得陇望蜀、损人利己。贪得无厌，就会损公肥私，这样一来就会令自己也终日魂不守舍，然而，一旦心理负担过重就会损害健康。

三、建立良好的人际关系

建立良好的人际关系，是一个人生活的根本所在。生活在社会之中，一定要遵守社会道德规范，尊重他人，有责任感，互谅互助，宽厚待人，如此，才能够妥善地处理人际交往中的各种矛盾与冲突。而和谐的人际关系，是一种天然的镇静剂，有助于消除精神紧张，促进人体各组织器官功能的健全，使人的神经调节达到最佳状态，从而益寿延年。

四、心胸坦荡

一个挖空心思、不择手段的人，必然会做贼心虚，令自己产生紧张、恐惧、焦虑、内疚等心态，这种无形的负担和心理压力，会引起人体器官功能紊乱等一系列生理变化。长此以往，就很容易诱发某些疾病。因此，心胸坦荡，对人对事都能胸襟开阔、光明磊落、无患无求，使自己的身心处于淡泊宁静的良好状态，才能精神泰然、身体健康。

自古以来，为了长寿，人们几乎采取了各种方法，但往往忽视了精神方面的因素和道德的修养，才导致养生达不到应有的效果。因此，努力实现精神与道德境界的最好体现，是养生者必先修好的课程，一定要切记。

妻贤夫祸少，好妻胜良药

家里有贤惠的妻子，不但能促使家庭幸福和睦，而且丈夫也会多一些成就，少一些是非，这也就是老人言所谓的"妻贤夫祸少，好妻胜良药"。因此，与贤良的女子生活在一起就像一剂良药，能让丈夫从中获益，减少烦恼。

在春秋时期有这样一个故事：大相国晏子有一个车夫，这个车夫自从做了相国的车夫后，为人做事总是"意气昂扬，甚自得也"，对别人傲慢无礼。其妻得知后，要与他离婚。车夫惊异地问妻子为什么，其妻回答说："晏子身相齐国，名显诸侯。今者妾观其出，志念深矣，常有以自下者。而你乃为人仆御，然子之意，自以为足，妾是以求去也。"车夫妻子的意思是说：人家晏子那么大身份的人物，为人处世还是那么的谦恭和顺，而你只是一个小小的车夫，却如此的傲慢张扬，太让我失望了，因此我决定离开你。

妻子的话，如醍醐灌顶，使车夫顿然醒悟，从而改变了自己仗势自恃的傲慢态度，与人交往变得谦逊起来。后来，被晏相国认为是有用的人才，就"荐以为大夫"，做了国家的要员。由此可见，这位车夫的妻子，可称得上是一位贤惠的好妻子，假若她见到自己的丈夫意满自得的样子不去制止，反而以此为荣，或者利用丈夫的小特权去徇私，那么，她的丈夫不但不会被"荐以为大夫"，而且很有可能连赶车这份工作都会失去。

所以，俗语说的"妻贤夫祸少"是很有道理的。作为一个有良知、有责任心的配偶，不但自己要做一个堂堂正正的人，更应该时刻提醒自己的丈夫，保持一个清醒的头脑，廉洁自律，要知法守规，不越"线"撞"灯"。

在男人的眼里，漂亮的女人是一道风景线，风情万种的女人是一种调味剂，而好女人则是一味良药。因为好女人大都拥有明智的头脑和温柔的情怀，其为人处世，往往令男人从中受益匪浅，从而摒弃恶习，走向正道。

然而，现实生活中，却总有一些令人痛心的故事，比如丈夫贪污，做妻子的却帮着数钱；更有甚者，利用丈夫的特权，大捞好处，结果一旦犯事，便全落得个夫妻皆亡的下场。可以说，许多成功的男人背后都有一个贤惠的女人，而许多的腐败男人的背后，也都有一个贪得无厌的女人。因此，作为一个妻子，在反腐倡廉中，帮助丈夫把好关，走好人生的每一步，才是自己一生真正的幸福。

作一个好妻子，丈夫春风得意时，应犹如一支镇静剂，轻轻地告诫他"山外有山"，不要骄傲浮躁；而在丈夫气馁时，又能激发出他重新振作起来的勇气和信心。这样，既可以使自己的丈夫少犯错误或者不犯错误，还能使自己的家庭和睦祥和，吃得饱、睡得着，其乐融融。何乐而不为呢？

有句话说得好，"家有良田千顷，不过一日三餐；家有豪宅千厦，不过夜宿八尺"。因此，作为贤内助，要清楚什么事能做、什么事不能做，从而帮助配偶树立正确的人生观，不闯"红灯"，远离"高压线";不要这山望着那山高,横攀竖比,乱伸手、乱开口。要知道,只有无病无灾,知足常乐,常怀感恩,家庭才能幸福美满。

心灵手巧,动指健脑

"心灵手巧,动指健脑",这句谚语告诉我们:人手与人脑有着极为密切和重要的关系,同时对人的语言、视觉、听觉、触觉等的发展也有极大的益处。

手的动作与人脑的发育有着极为密切和重要的关系,对语言、视觉、听觉、触觉等的发展也有极大的助益。

在大脑皮层内部,仅仅管理一个大拇指活动的区域,就比管理一整条大腿的区域要大10倍多。现代医学发现,经常利用手指从事灵巧、精细动作的人,则较少发生脑萎缩和老年性痴呆症。一些研究者更指出,保持大脑健康,最重要的是活动手指。也就是说,高效率的活动手指,要比用功学习及死记硬背更能增强大脑的活力。

手指功能的技艺锻炼可促进思维,健脑益智。如用健身球锻炼,即手托两个铁球或两个核桃,不停地在手中转动,长期坚持会有良好的健脑作用。经常进行手指技巧活动,能给脑细胞以直接刺激，可以增强脑的活力，使其功能发达，保持整体平衡。"心灵手巧"就是这个道理。

人的手指能够运用自如，主要取决于大脑对手指的支配作用；反过来，如果经常运动手指，就会对大脑有一定的刺激作用。人的脑细胞在出生时大约有140亿个，一过20岁就以每天10万个的速度开始死亡，到35岁已丧失5亿以上，到60～70岁时大致减少了1/10左右。这是人到中年便感到精力不足，而到老年则思维能力和记忆力减退的原因。从大脑皮质的"感觉"和"运动"机能方面来说，手指占的比重最大。经常活动手指刺激大脑，可以阻止或者延缓细胞衰老退化的过程，使大脑功能经久不衰。

科学并合理地活动手指需要尽量双手并用。总是使用一只手只能刺激支配该手的一侧大脑。喜欢用右手的人要多锻炼左手，如用左手提物、关门窗、翻书页等。爱用左手的人也应该锻炼右手。

培养手指的灵活性。要使手指能从事一些比较精密的活动，如拼装小型塑料模型、摆弄小玩具、用小刀削铅笔等。

锻炼皮肤的敏感性。皮肤触觉不敏感就意味着大脑感觉中枢的迟钝，所以应让手指经常接受冷热刺激，如用冷、热水洗手等。

增强手指关节的柔韧性。这对提高大脑的工作效率有益。如悬肘写字作画、织毛衣等。

使手指的活动多样化。单调的活动会减少手指的灵活性，限制大脑和手指间的信息传递。可进行各种形式的手指活动，必要时也可以用健身球来活动手指。

德国专家证实，经常弹琴，会有明显的延缓脑老化的功效。弹琴时眼睛看谱，大脑则根据乐谱内容向手指发出指令，指挥手指做出极为复杂而快速灵巧的动作。手、眼、脑之间默契配合，对大脑是一种有效的锻炼。专家们把弹琴形象地比喻为"大脑在长跑"。中老年朋友可以结合自己的爱好和实际情况，经常弹弹钢琴、拉拉二胡、吹吹笛子等，这对防止脑衰极为有效。

玩健身球也是锻炼手指的一个好方法。一手握两枚健身球在指间翻飞滚动，姿态潇洒。玩健身球可以对手掌的多个穴位起到良好的按摩作用，对增强脏腑功能颇为有益。

编织时，手指会不停地动作，给大脑以兴奋刺激，织出的花样，也在头脑中形成艺术美的感官刺激。

剪纸既充实、丰富了晚年文化生活，又通过对剪纸的反复构思及手指的精细剪裁动作，锻炼了大脑，调整了情绪。

长期实践证明，多动手、勤练乎指能锻炼大脑、延缓大脑衰老，增进记忆力，预防老年性痴呆症。我们平常可以通过玩乐器、健身球、编织、剪纸等等方式来达到锻炼手指的作用。

有泪尽情流，疾病自然愈

"有泪尽情流，疾病自然愈。"这句谚语告诉我们：想哭就哭出来，不要让情绪憋着，长此以往会淤积成疾。适当流眼泪，可以排出毒素，治疗疾病。

现在如许多疾病是因情绪引起的，越是内向、长期压抑情绪的人，越容易患病。情绪的毒素都在眼泪里，以前说男儿有泪不轻弹，其实男女平等，男人也要多哭，才能排出身体里的毒素。当然，哭也要限时，眼泪流过5分钟就不是排毒，而是消耗体液、伤身。

悲伤有损健康，但悲伤时哭泣却是有利于健康的。心理专家研究发现，人悲伤时掉出的眼泪中，蛋白质含量很高。这种蛋白质是由于精神压抑而产生的有害物质，压抑物质积聚于体内，对人体健康不利。眼泪可以缓解人的压抑感，哭对缓解情绪压力是有益的。

通过对眼泪进行化学分析发现，泪水中含有两种重要的化学物质，即脑啡肽复合物及催乳素。其仅存在于受情绪影响而流出的眼泪中，在受洋葱等刺激流出的眼泪中则测不出来。因而专家们认为，眼泪可以把体内积蓄的导致忧郁的化学物质清除掉，从而减轻心理压力。

专家认为，女子的寿命普遍比男子长的原因，除了职业、生理、激素、心理等方面的优势之外，善于啼哭也是一个重要因素。通常人们哭泣后，在情绪强度上会减低40%，反之，若不能利用眼泪把情绪压力消除掉，会影响身体健康。因此，强忍着眼泪就等于"自杀"。不过，哭不宜超过15分钟。压抑的心情得到发泄、缓解后就不能再哭，否则对身体反而有害。因为人的胃肠机能对情绪极为敏感，忧愁悲伤或哭泣时间过长，胃的运动会减慢、胃液分泌减少、酸度下降；会影响食欲，甚至引起各种胃部疾病。

哭作为一种常见的情绪反应，对人的心理起着一种有效的保护作用。当精神蒙受突如其来的打击时，当心情抑郁不乐时，不妨痛痛快快地哭一哭。不要强忍泪水，那样会加重抑郁，憋出病来的。强烈的负面情绪会造成心理上的高度紧张，而当这种紧张被压抑下去得不到释放时，势必成为一种积累待发的能量，引起神经系统的紊乱，久而久之，会造成身心健康的损害，促成某些疾病的发生与恶化。而哭泣则能提供一种释放能量、缓解心理紧张、消除情绪压力的发泄途径，从而有效地避免或减少此类疾病的发生和发展。

人在悲伤时不哭有害健康，属于慢性影响。美国生物化学家费雷的调查发现，长期不哭的人，患病率比哭的人高1倍。为此我们有理由相信：哭是有益健康的。情感变化引起的哭是机体自然反应的过程，不必克制。尤其是心情抑郁时。

人之所以要哭，是因为心身受到了创伤与刺激，哭是一种宣泄与抚慰，是正常的心理表现，应该顺其自然。如果强制不哭，内心的宣泄没法排出，受伤的心灵得不到来自自身的慰抚，生理上就会产生不平衡，身体就会受到损害。

要做美丽女人，该哭泣时，就要放声哭泣，尽情流泪，这样皮肤才能得到很好的保护。从这一点上说，女人流泪美容美肤，是件"美"事。当人们内心感到委屈或精神受到重大刺激时，往往会哭泣流泪。该哭不哭，一味地忍，闷在心里时间久了，心中的压抑就会越积越重，精神负担也就越来越大，进而出现精神萎靡、情绪低落、叹息不止，导致失眠，影响食欲，出现悲观厌世甚至轻生的念头。反应性抑郁症往往就是这样造成的。但是哭也要适当。压抑的心情得到发泄、缓解后就不要再哭了，否则对身体反而有害。

懒惰催人老，勤勉益处多

所谓"懒惰催人老，勤勉益处多。"是说懒惰的人，由于整日怠懒，身体不大活动，使体内各种生理功能得不到充分的调动和发挥，往往会导致肌肉萎缩，使脑细胞衰退，而且长时间如此还会病魔缠身，影响寿命；而勤劳的人，由于经常活动，使身体机能得到了充分的锻炼，而且运动能使人情绪乐观、精力充沛，因此也就能使身体获得很多益处，如食欲良好、睡眠香甜，并且还能增寿延年。

如今，懒惰会催人更快地衰老这一观点被现代医学所证实。这是因为人的大脑用则进，不用则退。要知道，用进废退是基本的生物学规律。经常用的器官，就健康发达，不经常用的器官就逐渐衰退。勤动脑、多运动的人，脑内核酸的含量比普通人高出15%左右。脑活动适度紧张，才能激活免疫系统、增强抗病防病的能力，所以说懒惰的行为的确贻害匪浅。

从医学和心理学的角度来说，懒惰对身体健康是有害的。因为懒惰的人在工作和生活中行为懒散，意志消沉，不求上进，思想消极。一般来说，懒惰常会给人带来以下几点危害：

一、体能下降。话说"动则盛，惰则衰"。懒散的人由于活动少，便会令四肢懈怠，久而久之会使机体的免疫功能降低。而且，过于懒惰还会催人更快衰老，因为惰性可使人对外界环境的适应能力降低，从而使人出现未老先衰的状态。

二、易患身心疾病。惰性不但会使身体功能下降，而且它产生的不良心理还会影响内分泌功能的正常运转，而内分泌的正常功能被改变后，又会反过来增加人的紧张心理，导致不良情绪，如此就会形成恶性循环，从而对人的身心疾病起着诱发的作用。

三、使大脑退化。我们知道，人的大脑功能是用进废退的，而那些懒惰的人大脑机能由于得不到充分发挥，就会使功能逐渐退化，思维及智能也会随之迟钝，并且记忆与分析判断能力也会下降。

此外，懒惰的人通常贪图清闲，不但会影响正常的工作和生活，也会引起人们的轻视，这样就容易产生社交矛盾，导致人际关系不协调。

懒惰催人老，这一观点已被社会伦理所证实，究其原因是懒惰者往往会遭人嫌弃，尤其是当懒惰的人在不利的环境中生存时，就会产生诸多不良的情绪，而这些情绪却会导致人体产生多种疾病。曾有资料显示，那些长期患有怠懒情绪的人，罹患疾病的概率比勤勉的人要高出数倍。

近年来一些离开工作岗位退休之后的中老年人患上怠懒情况

较多，他们往往心情苦恼烦闷，生活单调。有的认为辛苦了几十年，离退休后应该坐享清福，因此什么事情都不想去做。其实，这种心理状态，对延缓衰老是极为不利的。要知道，一个人如果终日无所事事、百无聊赖，长期下去不仅会思想空虚，还会产生一种失落感和老朽感，而这种状态就会导致生理功能紊乱，影响身体健康，从而加剧机体衰老。

再说，一个人如果终日闲坐，四肢经常不活动，那么，就会使整个机体得不到应有的活动，从而导致血脉不畅，还会使身体肌肉逐渐产生萎缩。更严重的是，内脏器官也会加速退行性的改变，从而整个身体生理功能衰老得更快。

因此，中老年人在离退休后，决不可产生懒惰心理，而应使自己更加积极向上，力争做一些力所能及的、有意义的事情，可以经常参加一些适宜的体育活动，从而使自己精神旺盛、延缓衰老。

勤劳不但是劳动人民的美德，也是延年益寿的"妙诀"，在民间广为流传的"十叟长寿歌"是对不少老人长寿经验的总结，其中第五条"五叟整衣袖，服务自动手"就是勤劳之意，告诉人们勤勉既能使身体健康又能延年益寿。查阅那些被尊为寿星的长者们的长寿资料，发现他们都有一条共同的长寿秘诀，那就是热爱劳动，坚持劳动和体育锻炼。

"世界上没有一个懒人可以长寿，凡是长寿的人，其一生总是积极活动的。"长寿老人告诉我们，适当参加一些劳动可促进新陈代谢、增强体质、减少疾病、延缓衰老。达尔文曾经说过："寿命的缩短与思想的空虚是成正比的。"一个人的大脑收到的信息刺激愈少，衰老就愈快；信息刺激愈多，脑细胞就愈发达，老化过程就愈慢。因此，脑子越用越灵，越爱动脑的人就越聪明。反之，不用或少用则会逐渐衰退，会变得呆痴。人的身体机能也是如此，经常运动能使生理机能协调健康，而整天待着不动，就会使机体器官的生理功能紊乱，从而会影响身体健康。

古人说得好，"流水不腐，户枢不蠹。"惰性会严重危害健康，要想健康，就要克服惰性，勤于劳动和锻炼。只有经常活动才能促进身体新陈代谢，新陈代谢越旺盛，人的生命力就越强，身体也就越健康。经常劳动还能增强体质，使人更有活力。

因此，一些生活较清闲的人，可以多做一些有益于身心健康的活动。比如在家里或其他空闲的地方种些花草，经常给它们浇浇水、施施肥、锄锄草等，这样不断地进行一些力所能及的劳动，就可以让身子骨硬朗起来。要知道，经常运动不仅能增加身体活动量，运动四肢筋骨关节，而且在花草树木生长的地方往往空气清新，人在其中活动大脑和肌肉都会获得更充足的氧气，这

老人言

对人体新陈代谢非常有益。

勤奋的人比怠懒的人更长寿。这是因为通过愉悦的劳动,不但可以使身体健康,还可以调节人的情绪,给精神上带来某种寄托和安慰。因此,那些勤奋的人,善于思索的人,健康长寿的概率远远高于那些四肢怠懒的人。